DONGHU YESHENG DONGWU

东湖野生动物

李明璞　李云飞　主编

长江出版传媒
湖北科学技术出版社

图书在版编目（CIP）数据

东湖野生动物 / 李明璞，李云飞主编．—武汉：湖北科学技术出版社，2021.1

ISBN 978-7-5706-0789-1

Ⅰ．①东…　Ⅱ．①李…　②李…　Ⅲ．①野生动物—介绍—武汉　Ⅳ．① Q958.526.31

中国版本图书馆 CIP 数据核字（2019）第 239920 号

责任编辑：高　然　万冰怡　　封面设计：胡　博

出版发行：湖北科学技术出版社　　电话：027-87679468
地　　址：武汉市雄楚大街 268 号　　邮编：430070
（湖北出版文化城 B 座 13-14 层）
网　　址：http：//www.hbstp.com.cn

印　　刷：武汉市金港彩印有限公司　　邮编：420023

889 × 1194　1/42　5 印张　100 千字
2021 年 1 月第 1 版　2021 年 1 月第 1 次印刷
定价：38.00 元

编委会

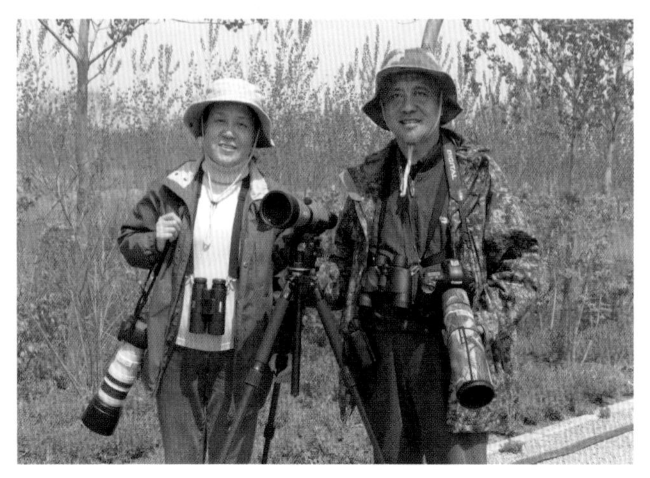

作者简介

李明璞，中国野生动物保护协会科考委员会常委，中国野生动物保护协会自然体验培训师导师，湖北省野生动植物保护协会理事，湖北省湿地保护基金会秘书长。

李云飞，中国野生动物保护协会自然体验培训师导师，湖北省野生动植物保护协会观鸟分会副会长。湖北省湿地保护基金会理事。国内资深观鸟人，摄鸟人。

序 言

武汉的东湖，如镶嵌在城市中的绿色宝石，装点着这座位于中国中部的城市。

东湖水面广阔，岸线曲折，群山环绕，半岛和岛屿星罗棋布。植被覆盖占整个地区的 81.93%，植物种类十分丰富，是一个典型的湿地生态环境。东湖良好的生态环境，为野生动物保留了良好的栖息地。东湖的野生动物对于武汉城区生态具有很好的指示作用。

据有关部门最近调查，东湖生态旅游风景区内共有陆生脊椎动物 4 纲 23 目 67 科 278 种。其中鸟类 16 目 52 科 248 种；哺乳动物 4 目 5 科 8 种；两栖动物 1 目 4 科 8 种；爬行动物 2 目 6 科 14 种。此外还有鱼类 8 目 13 科 45 种。

本书选取了一些在东湖地区比较容易看到或者通过仔细观察能够看到的野生动物，采取科学方法分类列目，并对每个物种进行简明扼要地介绍。期望人们行走在东湖绿道或荡漾在碧波湖中，与它们不期而遇时，不会相见而不相识。

东湖良好的自然环境和丰富的生物多样性，让它成为一个天然的自然教育大课堂。你可以带上本书和亲朋好友一起去认识东湖的野生动物，在感受自然之美的同时，学习关于自然的知识。

野生动物是地球生态的重要组成部分，没有野生动物的大自然是不健康的，没有野生动物的世界也是不可持续的。

东湖的野生动物需要我们共同关注和爱护，希望大家在遇到它们时做到不伤害、不侵扰，与它们和谐相处。

本书在编写过程中得到了武汉市东湖生态旅游风景区管理委员会的大力支持和帮助，在此表示感谢。

编者

2020 年 8 月 10 日

目 录

第一章 鸟类

第二章　哺乳类

第三章　两栖类

第四章　爬行类

第五章　鱼类

第一章

鸟

类

DI-YI ZHANG
NIAOLEI

127/种

鸟类是长有羽毛、卵生的脊椎动物。大部分的鸟类都会飞。鸟的种类繁多，形态多样，遍布全球。目前，全世界为人所知的鸟类一共有 9000 多种，中国记录的有 1400 多种。东湖地区记录的鸟类有 248 种，本书选取其中 127 种进行介绍。

根据鸟的身体和行为特征，科学家将鸟类划分为六大生态类群：

1. 游禽。善于飞翔、潜水和在水中捞取食物，却拙于行走的鸟类。野鸭和大雁就属于这一类群。

2. 涉禽。大多数具有嘴长、颈长、腿长的特点，生活在湿地环境，以水生昆虫、软体动物、甲壳动物、鱼、蛙等动物或植物为食。常见有鹭科鸟类。

3. 猛禽。有强大有力的翅膀，弯曲锐利的嘴、爪和敏锐的眼睛，能迅速、无声、自由地升降，准确无误地捕食猎物。

4. 攀禽。凭借强健的脚趾和紧韧的尾羽，可使身体牢牢地贴在树干上，攀禽中食虫益鸟比较多，如啄木鸟。

5. 陆禽。腿脚健壮，具有适于掘土挖食的钝爪，体格壮实，嘴坚硬，翅短而圆，不善远飞。陆禽分鹑鸡和鸠鸽两类。

6. 鸣禽。种类数量最多的鸟类类群。它们体态轻盈、羽毛鲜艳、歌声婉转。绝大多数以昆虫为食，是农林害虫的天敌，著名的有百灵、画眉等。

此外，鸟类的居留类型也有多种。科学家把常年在一个地理区域内生活，春秋不进行长距离迁徙的鸟类，称为留鸟（书中用留标记）；把冬天由北方来到本地越冬的鸟称为冬候鸟（书中用冬标记）；把春季迁徙到本地来繁殖，秋季再向越冬区南迁的鸟，称为夏候鸟（书中用夏标记）；把在秋季南下与春季北上经过本地时做短暂停留的鸟，称之为过境鸟（书中用过标记）。雄鸟用♂标记，雌鸟用♀标记。

鸟名生僻字注音：

䴙 pì	䴘 tī	䴕 liè	𫛭 kuáng
鸻 héng	鹬 yù	鸺 xiū	鹠 liú
鸱 chī	鸮 xiāo	鹡 jí	鸰 líng
鹨 liù	䴗 jú	鹎 bēi	鸲 qú
鸫 dōng	鹟 wēng	鹪 jiāo	鹀 wú
䳭 jí	鳽 jiān		

灰胸竹鸡 *Bambusicola thoracicus* 鸡形目 雉科 陆禽 留

体长 24 ~ 37 厘米，喙黑色或近褐色，额与眉纹为灰色，胸部灰色，呈半环状，下体前部为栗棕色，渐后转为棕黄色，肋具黑褐色斑，跗跖和趾呈黄褐色。

中国南方特有种。栖息于海拔 2000 米以下的低山丘陵和山脚平原地带的竹林、灌丛和草丛中。常成群活动。杂食性，主要以植物的幼芽、嫩枝、嫩叶、果实、种子为食。

雉鸡 *Phasianus colchicus* 鸡形目 雉科 陆禽 留

雄鸟体长约85厘米，雌鸟体长约60厘米。雄鸟羽色华丽，尾羽长而有横斑，颈部有白色颈圈，与金属绿色的颈部，形成显著的对比，宽大的眼周裸皮鲜红色。雌鸟色暗淡，周身密布浅褐色斑纹。

常见留鸟。栖息于低山丘陵、农田、地边、沼泽草地，以及林缘灌丛和公路两边的灌丛与草地中。脚强健，善于奔跑。杂食性，主要以植物为食。

赤膀鸭 *Anas Strepera* 雁形目 鸭科 游禽 冬

体长 44 ~ 55 厘米中型鸭类。雌雄异色。雄鸟上体大都暗灰褐色，杂白色细斑；翅上具栗红色块斑；嘴黑色，脚橙黄色。雌鸟嘴橙黄色，嘴峰黑色，上体暗褐色具白色斑纹。

栖息和活动在江河、湖泊、水库、河湾、水塘和沼泽等内陆水域中。常成小群活动，也喜欢与其他野鸭混群。主要以水生植物为食。常在水边的水草丛中觅食。

罗纹鸭 *Anas falcata* 雁形目 鸭科 游禽 冬

体长 40 ~ 52 厘米的中型鸭类。雌雄异色。雄鸭繁殖期头顶暗栗色，头侧、颈侧和颈冠铜绿色，颏、喉白色，其上有一黑色横带位于颈基处。尾下两侧各有一块三角形乳黄色斑。

主要栖息于江河、湖泊、河湾、河口及其沼泽地带。主要以水生植物的嫩叶、种子等植物为食。

绿头鸭 *Anas platyrhynchos* 雁形目 鸭科 游禽 冬

体长约58厘米的游禽，大型鸭类。雌雄异色，雄鸟嘴黄绿色，脚橙黄色，头和颈辉绿色，颈部有一明显的白色领环。脚趾间有蹼。

通常栖息于淡水湖畔，亦成群活动于江河、湖泊、水库、海湾和沿海滩涂盐场等水域。杂食性，主要以野生植物的叶、芽、茎、水藻和种子为食。

斑嘴鸭 *Anas zonorhyncha* 雁形目 鸭科 游禽 冬

体长约 60 厘米，体型大的深褐色鸭。雌雄羽色相似。上嘴黑色，先端黄色，脚橙黄色。脚趾间有蹼。

通常栖息于淡水湖畔，亦成群活动于江河、湖泊、水库、海湾和沿海滩涂盐场等水域。主要吃植物，也吃昆虫、软体动物等动物。

绿翅鸭 *Anas crecca* 雁形目 鸭科 游禽 冬

体长约 37 厘米的游禽。雌雄异色。嘴脚均为黑色。雄鸟头至颈部深栗色，头顶两侧有一条宽阔的绿色带斑一直延伸至颈侧，尾下覆羽两侧各有一黄色三角形斑。

栖息在开阔的大型湖泊、江河、河口、港湾、沙洲、沼泽和沿海地带。喜集群，特别是迁徙季节和冬季，常集成数百甚至上千只的大群活动。主要以植物为食，特别是水生植物种子和嫩叶。

红头潜鸭 *Aythya ferina* 雁形目 鸭科 游禽 冬

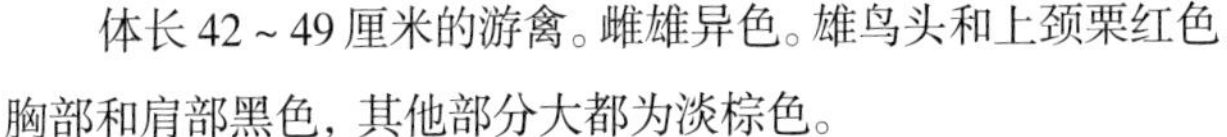

体长 42 ~ 49 厘米的游禽。雌雄异色。雄鸟头和上颈栗红色，胸部和肩部黑色，其他部分大都为淡棕色。

主要栖息于富有水生植物的开阔湖泊、水库、水塘、河湾等各类水域中。为深水鸟类，善于收拢翅膀潜水。杂食性，主要以水生植物和鱼虾贝壳类为食。

凤头潜鸭 *Aythya fuligula* 雁形目 鸭科 游禽 冬

体长 40 ~ 47 厘米，中等体型矮扁结实的游禽。雌雄异色，头带特长羽冠。雄鸟亮黑色，腹部及体侧白。

主要栖息于湖泊、河流、水库、池塘、沼泽、河口等开阔水面。常成群活动,善游泳和潜水。主要以水生植物和鱼虾贝壳类为食。

小䴙䴘 *Tachybaptus ruficollis* 䴙䴘目 䴙䴘科 游禽 留

体长 25 ~ 32 厘米。体小而矮扁的深色游禽，上体黑褐而有光泽，前趾各具瓣蹼。

平时栖息于水草丛生的湖泊、池塘。善游泳不善飞行，爱潜水。食物以小鱼、虾、昆虫等为主。

非繁殖羽 ▶

▲ 繁殖羽

凤头䴙䴘 *Podiceps cristatus* 䴙䴘目 䴙䴘科 游禽 冬

体长约 56 厘米的中型游禽。颈修长，有显著的黑色羽冠。嘴尖直而侧扁。具瓣状蹼。

栖息于低山和平原地带的江河、湖泊等水域。单独、成队或小群活动。善游泳和潜水。以软体动物、鱼、甲壳动物和水生植物等为食。

非繁殖羽 ▶

▲ 繁殖羽

山斑鸠 *Streptopelia orientalis* 鸽形目 鸠鸽科 陆禽 留

体长约 32 厘米。前额和头顶前部蓝灰色，上体的深色扇贝斑纹体羽羽缘棕色，尾羽近黑。颈基两侧各有一块羽缘为蓝灰色的黑羽，下体多偏粉色，脚红色。嘴铅蓝色。

栖息于低山丘陵、平原和山地阔叶林、混交林、次生林、果园和农田以及宅旁竹林和树上。食物多为带壳谷类。

火斑鸠 *Streptopelia tranquebarica* 鸽形目 鸠鸽科 陆禽 留

体长约 23 厘米，是鸠鸽科中体形较小的一种。雄鸟额、头顶至后颈蓝灰色，颏和喉上部白色或蓝灰白色，后颈有一黑色领环横跨在后颈基部，并延伸至颈两侧。上体葡萄红色，嘴黑色，脚灰褐色。

栖息于开阔的平原、田野、村庄、果园和山麓疏林及宅旁竹林地带，也出现于低山丘陵和林缘地带。主要以植物浆果、种子和果实为食。

珠颈斑鸠 *Streptopelia chinensis* 鸽形目 鸠鸽科 陆禽 留

体长 27 ~ 34 厘米。头部为灰色，上体大都褐色，下体粉红色，后颈有宽阔的黑色领斑，其上满布白色细小斑点。嘴角深褐色，脚和趾紫红色。

栖息于有稀疏树木生长的平原、草地、低山丘陵和农田地带，也常出现于村庄附近的杂木林、竹林及地边树上或住宅附近。主要以植物种子为食。

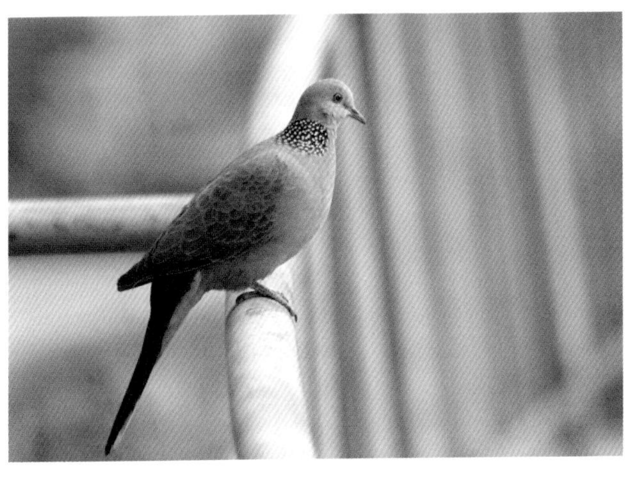

普通夜鹰 *Caprimulgus indicus* 夜鹰目 夜鹰科 攀禽 夏

体长约 27 厘米。通体几乎全为暗褐斑杂状，喉具白斑。虹膜褐色，嘴偏黑，脚巧克力色。

栖息于海拔 3000 米以下的阔叶林和针阔叶混交林。单独或成对活动。夜行性。主要在飞行中捕食，主要以天牛、金龟子、夜蛾、蚊、蚋等昆虫为食。

鹰鹃 *Hierococcyx sparverioides* 鹃形目 杜鹃科 攀禽 

体长 35 ~ 42 厘米。头和颈侧灰色，上体和两翅表面淡灰褐色，尾灰褐色，具五道暗褐色和三道淡灰棕色带斑，眼睑橙色，嘴暗褐色。脚橙色至角黄色。

栖息于山林中、山旁平原地带。常单独活动，隐蔽于树木叶簇中鸣叫。繁殖时有巢寄生的习性。主要以昆虫为食。

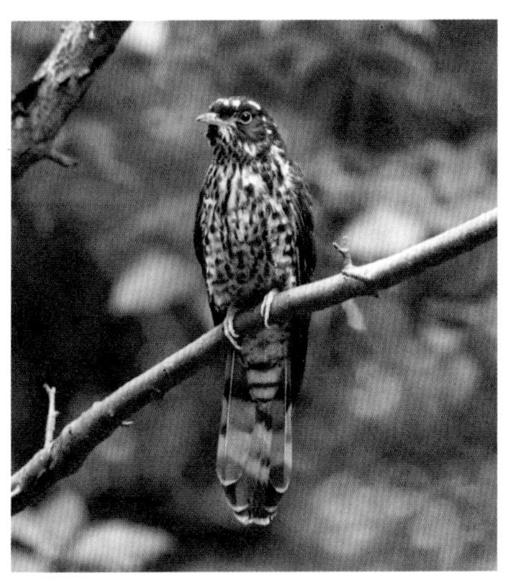

噪鹃 *Eudynamys scolopaceus* 鹃形目 杜鹃科 攀禽 

体长 39 ~ 46 厘米。雄鸟通体黑色，具蓝色光泽，下体沾绿。雌鸟上体暗褐色，并满布整齐的白色小斑点。虹膜深红色，鸟喙白至土黄色或浅绿色，基部较灰暗。脚蓝灰。

栖息于山地、丘陵、山脚平原地带林木茂盛的地方，多单独活动。常隐蔽于大树顶层茂盛的枝叶丛中，繁殖时有巢寄生的习性。主要以植物果实、种子为食，也吃昆虫成虫和昆虫幼虫。

四声杜鹃 *Cuculus micropterus* 鹃形目 杜鹃科 攀禽 夏

体长 31 ~ 34 厘米。头顶和后颈暗灰色，上体余部和两翅表面深褐色，下体自下胸以后均白，杂以黑色横斑。

栖息于山地森林和山麓平原地带的森林中，常隐栖树林间，平时不易见到。繁殖时有巢寄生的习性。杂食性，啄食松毛虫、金龟子及其他昆虫，也吃植物种子。

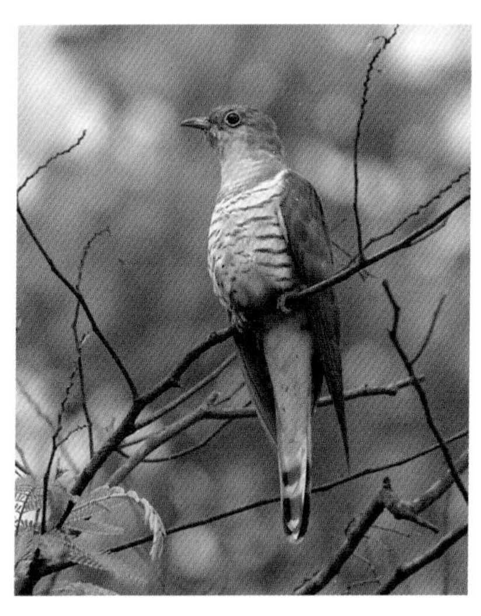

大杜鹃 *Cuculus canorus* 鹃形目 杜鹃科 攀禽 夏

体长约 32 厘米。背暗灰色，腰及尾上覆羽蓝灰色，下体白色，并杂以黑暗褐色细窄横斑。嘴黑褐色，脚棕黄色。

栖息于山地、丘陵和平原地带的森林中。性孤独，常单独活动。繁殖时有巢寄生的习性。主要以五毒蛾 、松针枯叶蛾以及其他鳞翅目昆虫及其幼虫为食。

红脚田鸡 *Zapornia akool* 鹤形目 秧鸡科 涉禽 留

体长约28厘米的中型涉禽。上体全橄榄褐色，脸及胸青灰色，腹部及尾下褐色，腿脚红色。

栖息于平原和低山丘陵地带的长有芦苇或杂草的沼泽地和有灌木的高草丛、竹丛、湿灌木、水稻田、甘蔗田中，以及河流、湖泊、灌渠和池塘边。善于步行、奔跑及涉水，行走时头颈前后伸缩，尾上下摆动。杂食性，主要食昆虫、软体动物、蜘蛛、小鱼等，也吃草籽和水生植物的嫩茎和根。

白胸苦恶鸟 *Amaurornis phoenicurus* 鹤形目 秧鸡科 涉禽 夏

体长 28 ~ 34 厘米的中型涉禽。上体暗石板灰色，两颊、喉以至胸、腹均为白色，与上体形成黑白分明的对照。下腹和尾下覆羽栗红色。

栖息于长有芦苇或杂草的沼泽地和有灌木的高草丛、竹丛、湿灌木、水稻田、甘蔗田中，以及河流、湖泊、灌渠和池塘边，也生活在人类住地附近。常单独或成对活动，性机警、善隐蔽，多在清晨、黄昏和夜间活动。行走时头颈前后伸缩，尾上下摆动。以昆虫、小型水生动物以及植物种子为食。

黑水鸡 *Gallinula chloropus* 鹤形目 秧鸡科 涉禽 留

体长 24 ~ 35 厘米的中型涉禽。通体黑褐色，嘴黄色，嘴基与额甲红色，两胁具宽阔的白色纵纹，脚黄绿色，脚上部有一鲜红色环带。

喜欢有树木或挺水植物遮蔽的水域，多成对活动，以水草、小鱼虾、水生昆虫等为食。

黑翅长脚鹬 *Himantopus himantopus* 鸻形目 反嘴鹬科 涉禽 过

体长约 37 厘米，是一种修长的黑白色涉禽。两翼黑，体羽白。嘴细而尖，黑色。长长的腿红色。

栖息于开阔平原草地中的湖泊、浅水塘和沼泽地带。常单独、成对或成小群在浅水中或沼泽地上活动，性胆小而机警。主要以软体动物、甲壳动物、环节动物、昆虫、昆虫幼虫，以及小鱼和蝌蚪等动物为食。

反嘴鹬 *Recurvirostra avosetta* 鸻形目 反嘴鹬科 涉禽 过

体长38～45厘米，腿较长的黑白色涉禽。眼先、前额、头顶、枕和颈上部绒黑色或黑褐色，背部有醒目的黑色和白色，腹部灰白色。嘴黑色，细长，显著地向上翘。脚蓝灰色。

栖息于平原和半荒漠地区的湖泊、水塘和沼泽地带，有时也栖息于海边水塘和盐碱沼泽地。主要以小型甲壳动物、水生昆虫、昆虫幼虫、蠕虫和软体动物等小型无脊椎动物为食。

灰头麦鸡 *Vanellus cinereus* 鸻形目 鸻科 涉禽 

体长约35厘米的中型涉禽。头顶及后颈灰褐色，前胸灰色，胸后缘以黑色带斑，下体余部白色。嘴黄色具黑端，腿脚黄色。

多成双或结小群活动于开阔的沼泽、水田、耕地、草地、河畔或山中池塘畔。主要以小型无脊椎动物和杂草种子及植物嫩叶为食。

金眶鸻 *Charadrius dubius* 鸻形目 鸻科 涉禽 夏

体长约 16 厘米的小型涉禽。上体沙褐色，下体白色，后颈具一白色环带，其下有明显的黑色领圈。眼睑金黄色，嘴黑色，脚和趾橙黄色。

常栖息于湖泊沿岸、河滩或水稻田边，也出现于沿海海滨、河口沙洲以及附近盐田和沼泽地带。单个或成对活动。主要以昆虫为食，兼食植物种子、蠕虫等。

环颈鸻 *Charadrius alexandrines* 鸻形目 鸻科 涉禽 夏

体长约 16 厘米的小型涉禽。背部羽毛为灰褐色，颏、喉、前颈、胸、腹部白色，在胸部两侧有独特的黑色斑块。嘴纤细，黑色。跗跖稍黑，有时为淡褐色或者黄褐色，爪黑褐色。

栖息于海滨、岛屿、河滩、湖泊、池塘、沼泽、水田、盐湖等湿地之中。通常单独或者 3 ~ 5 只集群活动。以蠕虫、昆虫、软体动物为食，兼食植物种子、植物碎片。

水雉 *Hydrophasianus chirurgus* 鸻形目 水雉科 涉禽 夏

体长 31 ~ 58 厘米的中型涉禽。夏羽头、颏、喉和前颈白色，后颈金黄色，枕黑色，尾长，脚爪细长。

栖息于富有挺水植物和漂浮植物的淡水湖泊、池塘和沼泽地带，主要为淡水湖沼。善行走，能轻步行走于睡莲、荷花、菱角、芡实等浮叶植物上。以昆虫、软体动物、甲壳动物等小型无脊椎动物和水生植物为食。

扇尾沙锥 *Gallinago gallinago* 鸻形目 鹬科 涉禽 冬

体长约 27 厘米色彩明快的沙锥。脸皮黄色，眼部上下条纹及贯眼纹色深，上体深褐，具白及黑色的细纹及蠹斑，下体淡皮黄色具褐色纵纹。嘴褐色长而直，脚橄榄绿色。

栖息于开阔平原上的淡水或盐水湖泊、河流、芦苇塘和沼泽地带。常单独或成 3 ~ 5 只的小群活动。主要以蚂蚁、金针虫、小甲虫等昆虫或昆虫幼虫、蠕虫、蜘蛛和软体动物为食，偶尔也吃小鱼和杂草种子。

鹤鹬 *Tringa erythropus*　　鸻形目　鹬科　涉禽　过

体长 26 ~ 33 厘米的小型涉禽。夏季通体黑色，眼圈白色，在黑色的头部极为醒目。冬季背灰褐色，腹白色，胸侧和两胁具灰褐色横斑。嘴细长、直而尖，下嘴基部红色，余为黑色。脚亦长细、暗红色。

常单独或成分散的小群活动，多在水边沙滩、泥地、浅水处和海边潮间带边走边啄食。主要以甲壳动物、软体动物、蠕形动物、水生昆虫和昆虫幼虫为食。

青脚鹬 *Tringa nebularia* 鸻形目 鹬科 涉禽 冬

体长 30 ~ 35 厘米的偏灰色涉禽。上体灰黑色，有黑色轴斑和白色羽缘。下体白色，前颈和胸部有黑色纵斑。嘴微上翘，腿长近绿色。

主要栖息于河口和海岸地带，也到内陆淡水、盐水湖泊和沼泽地带。常单独、成对或成小群活动。主要以虾、蟹、小鱼、螺、水生昆虫和昆虫幼虫为食。

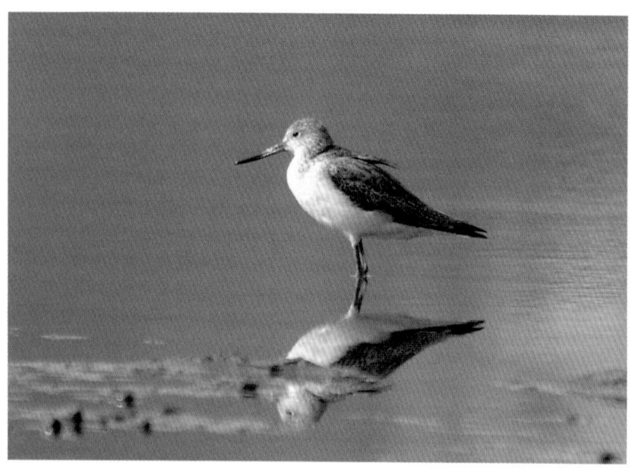

白腰草鹬 *Tringa ochropus* 鸻形目 鹬科 涉禽 冬

体长 20 ~ 24 厘米的小型涉禽。上体呈灰褐色，背和肩具不甚明显的皮黄色斑点，胸、腹和尾下覆羽纯白色。嘴灰褐色或暗绿色，尖端黑色，脚橄榄绿色或灰绿色。

栖息于沿海、河口、湖泊、河流、水塘、农田与沼泽地带。主要以蠕虫、虾、蜘蛛、小蚌、田螺、昆虫等小型无脊椎动物为食。

林鹬 *Tringa glareola* 鸻形目 鹬科 涉禽 过

体长约 20 厘米体型纤细的鹬。上体灰褐色而极具斑点，腹部及臀偏白，腰白。白色眉纹长，尾白而具褐色横斑。

栖息于林中或林缘开阔沼泽、湖泊、水塘与溪流岸边，也栖息和活动于有稀疏矮树或灌丛的平原水域和沼泽地带。主要以直翅目和鳞翅目昆虫、蠕虫、虾、蜘蛛、软体动物和甲壳动物等小型无脊椎动物为食。

矶鹬 *Actitis hypoleucos*

体长 16 ~ 22 厘米的小型涉禽。眉纹白色，过眼纹黑色。上体黑褐色，下体白色，并沿胸侧向背部延伸，翅折叠时在翼角前方形成显著的白斑。嘴、脚均较短，嘴暗褐色，脚淡黄褐色。

栖息于低山丘陵和山脚平原一带的江河沿岸、湖泊、水库、水塘岸边，也出现于海岸、河口和附近沼泽湿地。主要以夜蛾、蝼蛄、甲虫等昆虫为食，也吃螺、蠕虫等无脊椎动物和小鱼。

红嘴鸥 *Larus ridibundus* 鸻形目 鸥科 游禽 冬

体长 37 ~ 43 厘米。身体大部分的羽毛是白色，尾羽黑色。眼后具灰黑色斑点，嘴和脚皆呈红色。

栖息于平原和低山丘陵地带的湖泊、河流、水库、河口、鱼塘、海滨和沿海沼泽地带。冬季在越冬的湖面上常集成近百只的大群。主食是鱼、虾、昆虫、水生植物和人类丢弃的食物残渣。

普通鸬鹚 *Phalacrocorax carbo* 鲣鸟目 鸬鹚科 游禽 冬

体长 72 ~ 87 厘米的大型游禽。通体黑色，头颈具紫绿色光泽。嘴强而长，锥状，先端具锐钩。脚后位，后趾较长，具全蹼。

栖息于海滨、湖沼中。常成小群活动。善游泳和潜水。以各种鱼类为食。主要通过潜水捕食。

黄斑苇鳽 *Ixobrychus sinensis* 鹈形目 鹭科 涉禽 夏

体长 29 ~ 37 厘米的中型涉禽。雌雄异色。雄鸟额、头顶、枕部和冠羽铅黑色，微杂以灰白色纵纹，头侧、后颈和颈侧棕黄白色。

栖息于平原和低山丘陵地带富有水边植物的开阔水域中。主要以小鱼、虾、蛙、水生昆虫等动物为食。

Nycticorax nycticorax 鹈形目 鹭科 涉禽 夏

体长 46 ~ 60 厘米的中型涉禽。颈短，身体粗壮，一般头顶和背部深色，腹面白色或灰色，腿短脚和趾黄色。

栖息和活动于平原和低山丘陵地区的溪流、水塘、江河、沼泽和水田地上。夜出性，喜结群。主要以鱼、蛙、虾、水生昆虫等动物为食。

◀ 幼鸟

Butorides striata 鹈形目 鹭科 涉禽 夏

体长约 48 厘米的深灰色鹭。额、头顶、枕部、羽冠和眼下纹绿黑色，翼缘具特征性斑纹。

栖息于山区沟谷、河流、湖泊、水库林缘与灌木草丛中，有树木和灌丛的河流岸边，海岸和河口两旁的红树林里，特别是溪流纵横，水塘密布而又富有树木生长的河流水淹地带和茂密的植被带。主要以鱼为食，也吃蛙、蟹、虾、水生昆虫和软体动物。

池鹭 *Ardeola bacchus* 鹈形目 鹭科 涉禽 夏

体长约 47 厘米的中型涉禽。翼白色，身体具褐色纵纹。嘴黄色、端部黑，跗跖及趾浅黄色。雌雄同色。

栖息于沼泽、稻田、池塘等水域附近。常站在水边或浅水中，用嘴飞快地攫食。以水中生物为食，包括鱼、虾、蛙及昆虫等，兼食蛇类、软体动物及小型啮齿类。

非繁殖羽 ▶

▲ 繁殖羽

牛背鹭 *Bubulcus coromandus* 鹈形目 鹭科 涉禽 夏

体长为 46 ~ 55 厘米的中型涉禽。体较肥胖，喙和颈较短粗，跗跖和趾黑色。非繁殖羽通体白色，繁殖羽头和颈橙黄色。

栖息于平原草地、牧场、湖泊、水库、山脚平原、低山水田、池塘、旱田和沼泽地上。常见在牛背上寻食，是唯一不食鱼而以昆虫为主食的鹭类。

◀ 非繁殖羽

▲ 繁殖羽

苍鹭 *Ardea cinereal* 鹈形目 鹭科 涉禽 留

体长 75 ~ 105 厘米的大型灰色涉禽。头、颈、脚和嘴均甚长，因而身体显得细瘦。头顶中央和颈白色，头顶两侧和枕部黑色，上体自背至尾上覆羽苍灰色，尾羽暗灰色。

湿地中极为常见的水鸟。成对和成小群活动，主要以小型鱼类、虾和昆虫等动物为食。

大白鹭 *Ardea alba*　　鹈形目　鹭科　涉禽 夏

体长约 90 厘米的大型涉禽。颈、脚甚长，全身洁白。繁殖期背部披有蓑羽。嘴绿黑色，嘴角有一条黑线直达眼后，跗跖和趾黑色。冬季背无蓑羽，嘴为黄色。

栖息于开阔平原和山地丘陵地区的河流、湖泊、水田、海滨、河口及其沼泽地带。多在开阔的水边和附近草地上活动。以昆虫、甲壳动物、软体动物以及小鱼、蛙（蝌蚪）和蜥蜴等动物为食。

中白鹭 *Egretta intermedia*　鹈形目　鹭科　涉禽 夏

体长约 69 厘米的中型涉禽。全身白色，眼先黄色，脚和趾黑色。夏羽背和前颈下部有长的披针形饰羽，嘴黑色；冬羽背和前颈无饰羽，嘴黄色，先端黑色。

栖息和活动于河流、湖泊、河口、海边和水塘岸边浅水处及河滩上，也常在沼泽和水稻田中活动。常单独或成对或成小群活动。主要以鱼、虾、蛙、蝗虫、蝼蛄等动物为食。

白鹭 *Egretta garzetta* 鹈形目 鹭科 涉禽 

体长 52 ~ 68 厘米的中型涉禽。嘴、脚较长，黑色，趾黄绿色，全身白色。繁殖期间枕部垂有两条细长的长翎作为饰羽，背和上胸部分披蓬松蓑羽。

常栖息于河川、海滨、沼泽地或水田中。以各种小鱼、黄鳝、虾、水蛭、蜻蜓幼虫、陆生和水生昆虫等动物为食，也吃少量谷物等植物性食物。

黑冠鹃隼 *Aviceda leuphotes* 鹰形目 鹰科 猛禽 夏

体长 30 ~ 33 厘米的中型猛禽。头顶具有长而垂直竖立的蓝黑色冠羽，整体体羽黑色，胸具白色宽纹，翼具白斑，腹部具深栗色横纹。

栖息于平原低山丘陵和高山森林地带，也出现于疏林草坡、村庄和林缘田间地带。主要以蝗虫、蝉、蚂蚁等昆虫为食，特别爱吃蝙蝠、鼠类、蜥蜴和蛙等小型脊椎动物。

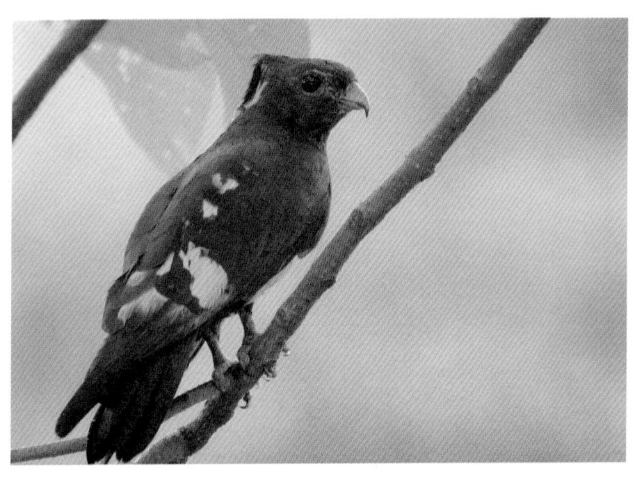

赤腹鹰 *Accipiter soloensis* 鹰形目 鹰科 猛禽 夏

体长约 33 厘米中等体型的鹰类。上体淡蓝灰，下体白，胸及两胁略沾粉色，两胁具浅灰色横纹，腿上也略具横纹。

栖息于山地森林和林缘地带，也见于低山丘陵和山麓平原地带的小块丛林、农田和村庄附近。在地面上捕食，主要以蛙、蜥蜴等动物为食，也吃小型鸟类、鼠类和昆虫。

松雀鹰 *Accipiter virgatus* 鹰形目 鹰科 猛禽 冬

体长 23 ~ 33 厘米的小型猛禽。雌鸟比雄鸟体形大。喉部中央有细窄的黑纹，腋下的羽毛为白色且具有灰色横斑。

主要栖息于山地针叶林和混交林中，也出现在林缘和疏林地带，主要以山雀、莺类等小型鸟类为食，也吃昆虫、蜥蜴等小型动物。

Milvus migrans 鹰形目 鹰科 猛禽 留

体长约65厘米，体型略大的猛禽。体羽深褐色，尾略显分叉，腿爪灰白色有黑爪尖。飞行时初级飞羽基部具明显的浅色次端斑纹。翼上斑块较白。虹膜褐色；嘴灰色，蜡膜蓝灰；脚灰色。

栖息于开阔的平原、草地、荒原和低山丘陵地带，也常在城郊、村庄、田野、港湾、湖泊上空活动。以小鸟、鼠类、蛇、蛙、野兔、鱼、蜥蜴和昆虫等动物性食物为食，偶尔也吃家禽和腐尸，是大自然的清道夫。

普通鵟 *Buteo buteo* 鹰形目 鹰科 猛禽 冬

体长 50 ~ 59 厘米，属中型猛禽。上体主要为暗褐色，下体主要为暗褐色或淡褐色，具深棕色横斑或纵纹，尾淡灰褐色，具多道暗色横斑。普通鵟体色变化较大，有淡色型、棕色型和暗色型多种色型。

常见在开阔平原、荒漠、旷野、开垦的耕作区、林缘草地和村庄上空盘旋翱翔。多单独活动。以森林鼠类为食，也吃蛙、蜥蜴、蛇、野兔、小鸟和大型昆虫等动物。

红角鸮 *Otus sunia* 鸮形目 鸱鸮科 猛禽 留

体长约 19 厘米的一种小型猫头鹰。眼黄色，胸满布黑色条纹。

栖息于海拔 2000 米以下的针阔叶混交林和阔叶林中。白天大多在树冠层栖息，黄昏和晚上活动。主要以鼠类、小鸟和昆虫等为食。

斑头鸺鹠 *Glaucidium cuculoides* 鸮形目 鸱鸮科 猛禽 留

体长 20 ~ 26 厘米小型鸮类。面盘不明显，无耳羽簇。体羽褐色，头和上下体羽均具细的白色横斑；腹白色，下腹具宽阔的褐色纵纹。

主要栖息于从平原、低山丘陵到海拔 2000 米左右的中山地带的阔叶林、混交林、次生林和林缘灌丛，大多在白天活动和觅食。主要以各种昆虫和幼虫为食，也吃鼠类、小鸟、蚯蚓、蛙和蜥蜴等动物。

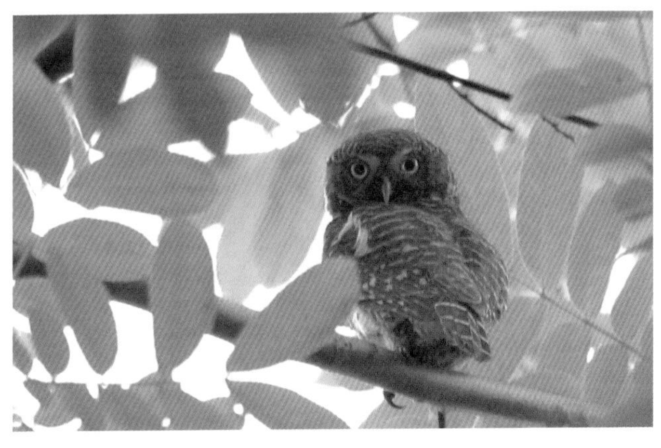

体长 22 ~ 32 厘米。外形似鹰，无明显的脸盘和领翎，上体为暗棕褐色。喉部和前颈为皮黄色且具有褐色的条纹。其余下体为白色，有水滴状的红褐色斑点。虹膜黄色，嘴灰黑色，趾肉红色。

栖息于海拔 2000 米以下的针阔叶混交林和阔叶林中，白天大多在树冠层栖息，黄昏和晚上活动，主要以鼠类、小鸟和昆虫等为食。

戴胜 *Upupa epops* 　　戴胜目　戴胜科　攀禽 

体长 26 ~ 28 厘米。头顶具橘黄色凤冠状羽冠，嘴细长，头、颈、胸淡棕栗色，二翼表面大都黑色，满布淡棕色以至白色斑纹。嘴黑色，脚铅黑色。

栖息于山地、平原、森林、农田、草地、村屯和果园等开阔地方，尤其以林缘耕地生境较为常见。以昆虫类为食，也吃其他小型无脊椎动物。

白胸翡翠 *Halcyon smyrnensis* 佛法僧目 翠鸟科 攀禽 留

体长 26 ~ 30 厘米。嘴粗长似凿呈红色，脚和趾均珊瑚红色。颏、喉、胸部中央纯白；头的余部、后颈、颈侧以及下体余部均深赤栗色，上背、肩及三级飞羽蓝绿色；下背、腰及尾上覆羽均辉翠绿色。

栖息于山地森林和山脚平原河流、湖泊岸边，也出现于池塘、水库、沼泽和稻田等水域岸边，主要以鱼、蟹、软体动物和水生昆虫为食，也吃陆栖昆虫和蛙、蛇、鼠类等小型陆栖脊椎动物。

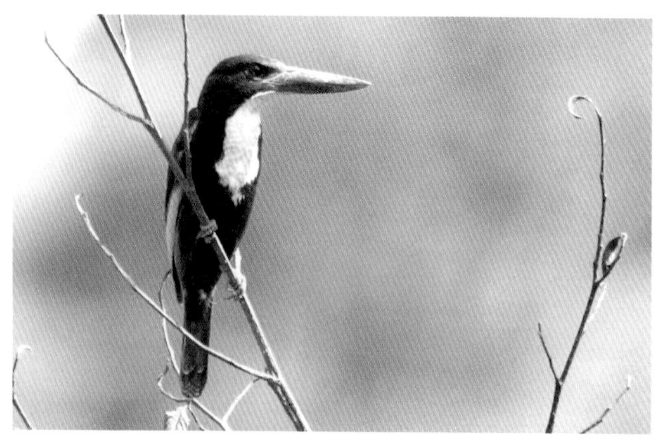

蓝翡翠 *Halcyon pileate* 佛法僧目 翠鸟科 攀禽 夏

体长 28 ~ 31 厘米。头和翼上覆羽黑色，上体其余部分为亮丽华贵的蓝紫色，两胁及臀沾棕色。嘴粗长似凿，珊瑚红色，脚和趾红色。

栖息于林中溪流以及山脚与平原地带的河流、水塘和沼泽地带。以鱼为食，也吃虾、螃蟹和各种昆虫及蛙、蛇、鼠类等小型陆栖脊椎动物。

普通翠鸟 *Alcedo atthis* 佛法僧目 翠鸟科 攀禽 留

体长 16 ~ 17 厘米。耳覆羽棕色，翅和尾较蓝，胸、腹棕红色，耳后有一白斑。雌鸟体羽色较雄鸟稍淡，多蓝色，少绿色，且胸无灰色。雄鸟嘴黑色，雌鸟下颌红色。

栖息于有灌丛或疏林、水清澈而缓流的小河、溪涧、湖泊以及灌溉渠等水域。食物以小鱼为主，兼吃甲壳类和多种水生昆虫及其幼虫，捕鱼本领很强。

冠鱼狗 *Megaceryle lugubris* 佛法僧目 翠鸟科 攀禽 留

体长 24 ~ 26 厘米。头上有显著羽冠，体羽黑色，有许多白色椭圆或其他形状大斑点。嘴粗直，长而坚，嘴角黑色，上嘴基部和先端淡绿褐色，脚肉褐色。

栖息于林中溪流、山脚平原、灌丛或疏林、水清澈而缓流的小河、溪涧、湖泊以及灌溉渠等水域。食物以小鱼为主，兼吃甲壳类和多种水生昆虫及其幼虫，也啄食小型蛙类和少量水生植物。

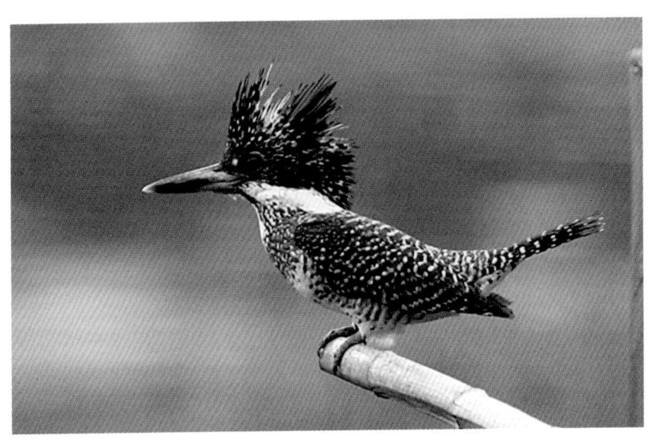

斑鱼狗 *Ceryle rudis* 佛法僧目 翠鸟科 攀禽 留

体长 27 ~ 31 厘米。通体呈黑白杂状斑，头顶冠羽较短，具白色眉纹。嘴黑色，脚黑褐色。雄鸟有两条黑色胸带，雌鸟仅一条胸带。

主要栖息于低山和平原溪流、河流、湖泊、运河等开阔水域岸边。常盘桓于水面寻食，食物以小鱼为主，兼吃甲壳类和多种水生昆虫及其幼虫，也啄食小型蛙类和少量水生植物。

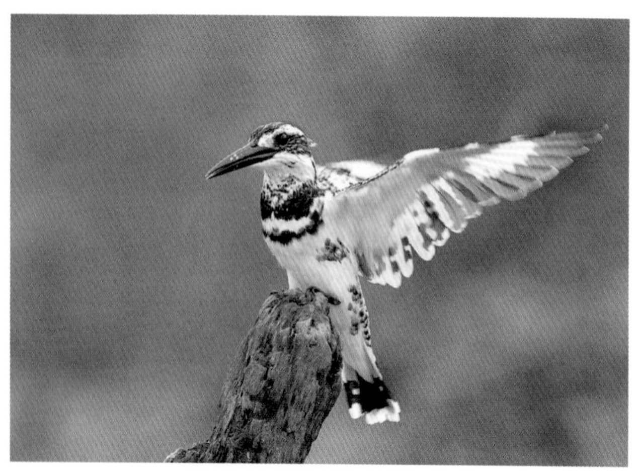

斑姬啄木鸟 *Picumnus innominatus* 啄木鸟目 啄木鸟科 攀禽 留

体长 10 ~ 11 厘米。背至尾上覆羽橄榄绿色，胸和上腹以及两胁布满大的圆形黑色斑点。嘴和脚铅褐色或灰黑色。雄鸟头顶前部缀以橙红色，雌鸟则无橙红色。

栖息于海拔 2000 米以下的低山丘陵和山脚平原常绿或落叶阔叶林中，也出现于中山混交林和针叶林地带。主要以蚂蚁、甲虫和其他昆虫为食。

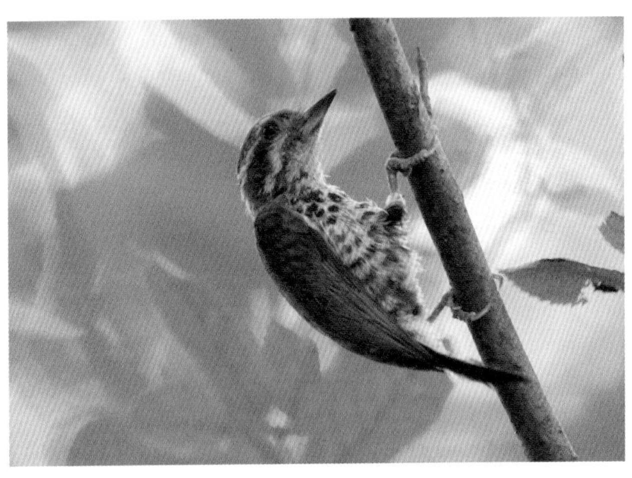

大斑啄木鸟 *Dendrocopos major* 啄木鸟目 啄木鸟科 攀禽 留

体长 20 ~ 25 厘米。上体主要为黑色，额、颊和耳羽白色，肩和翅上各有一块大的白斑。下腹和尾下覆羽鲜红色。雄鸟枕部红色。

栖息于山地、平原针叶林、针阔叶混交林和阔叶林中，尤以混交林和阔叶林较多。主要以各种昆虫成虫、昆虫幼虫为食，也吃小型无脊椎动物，偶尔也吃植物。

灰头绿啄木鸟 *Picus canus* 啄木鸟目 啄木鸟科 攀禽 留

体长约 27 厘米。雄鸟上体背部绿色，腰部和尾上覆羽黄绿色，额部和顶部红色，枕部灰色并有黑纹。雌鸟头顶和额部没有红色。嘴、脚铅灰色。

主要栖息于低山阔叶林和混交林，也出现于次生林和林缘地带。常单独或成对活动，觅食时常由树干基部螺旋上攀，主要以蚂蚁、小蠹虫、天牛幼虫等鳞翅目、鞘翅目、膜翅目昆虫为食。

红隼 *Falco tinnunculus* 隼形目 隼科 猛禽 留

体长 30 ~ 36 厘米的小型猛禽。头顶、头侧、后颈、颈侧蓝灰色，背、肩和翅上覆羽砖红色，喙较短，翅长而狭尖，尾较细长。

常见栖息于山地和旷野中，多单个或成对活动，飞行高度较高，善于在空中振翅悬停。以大型昆虫、小型鸟类、青蛙、蜥蜴以及小型哺乳动物为食，尤喜田鼠。

黑枕黄鹂 *Oriolus chinensis* 雀形目 黄鹂科 鸣禽 夏

体长 23 ~ 27 厘米。通体金黄色，两翅和尾黑色。头枕部有一宽阔的黑色带斑，与黑色贯眼纹相连，形成一条围绕头顶的黑带。雌雄羽色相似，但雌羽较暗淡。

主要栖息于低山丘陵和山脚平原地带的天然次生阔叶林、混交林，也出入于农田、原野、村寨附近和城市公园的树上。主食昆虫，也吃果实和种子。

暗灰鹃鵙 *Coracina melaschistos* 雀形目 山椒鸟科 鸣禽 夏

体长约23厘米。雄鸟青灰色，两翼亮黑，尾下覆羽白色，尾羽黑色。雌鸟羽色似雄鸟，但色浅，下体及耳羽具白色横斑，白色眼圈不完整，翼下通常具一小块白斑。嘴黑色，脚铅蓝。

栖息于以栎树为主的落叶混交林、阔叶林缘、松林、热带雨林、针竹混交林以及山坡灌木丛、开阔的林地及竹林。冬季从山区森林下移越冬。杂食性，主食昆虫。

小灰山椒鸟 *Pericrocotus cantonensis* 雀形目 山椒鸟科 鸣禽 夏

体长约 20 厘米。前额明显白色，腰及尾上覆羽浅皮黄色，颈背灰色较浓，通常具醒目的白色翼斑，下颏、喉、腹亦为白色。胸和两胁亦为白色缀有淡褐灰色。嘴黑色，脚黑色。

栖息于低山丘陵和山脚平原地带的树林中。常成群活动在高大的乔木树上，鸣声清脆。主要以昆虫成虫和昆虫幼虫为食。

黑卷尾 *Dicrurus macrocercus* 雀形目 卷尾科 鸣禽 夏

体长约 30 厘米。通体黑色，上体、胸部及尾羽具辉蓝色光泽。尾长为深凹形，最外侧一对尾羽向外上方卷曲。嘴和脚暗黑色。

栖息在山麓或沿溪的树顶上，在开阔地常落在电线上。从空中捕食飞虫，食物以昆虫为主。

灰卷尾 *Dicrurus leucophaeus* 雀形目 卷尾科 鸣禽 夏

体长 25 ~ 32 厘米。全身羽色呈法兰绒浅灰色，眼先、眼周、脸颊部及耳羽区，连成界限清晰的纯白块斑，尾长而呈叉状。嘴和脚黑色。

主要栖息于平原丘陵地带、村庄附近、河谷或山区以及停留在高大乔木树冠顶端或山区岩石顶上。主要以昆虫为食，如蜻象、白蚁和松毛虫，也吃植物种子。

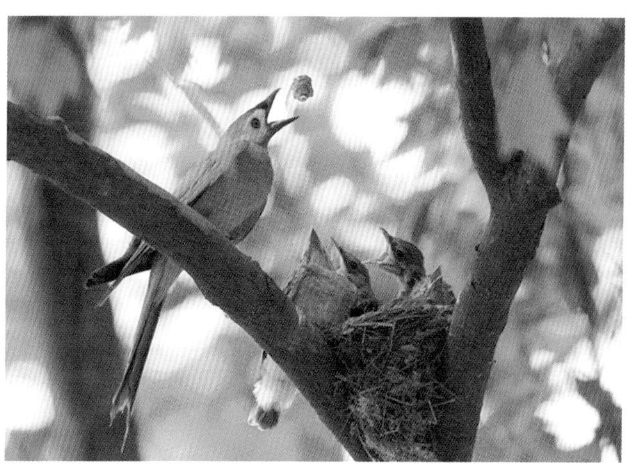

发冠卷尾 *Dicrurus hottentottus* 雀形目 卷尾科 鸣禽 夏

体长 28 ~ 35 厘米。通体绒黑色缀蓝绿色，金属光泽，额部具发丝状羽冠。尾长而呈叉状，外侧尾羽末端向上卷曲。

栖息于海拔 1500 米以下的低山丘陵和山脚沟谷地带，多在常绿阔叶林、次生林或人工松林中活动。主要以各种昆虫为食，偶尔也吃少量植物。

虎纹伯劳 *Lanius tigrinus* 雀形目 伯劳科 鸣禽 夏

体长约 17 厘米。雄性成鸟前额、头顶至后颈蓝灰色，具宽阔的黑色贯眼纹，上体栗红褐色，杂以黑色波状横斑，下体纯白色，两胁略沾蓝灰色，覆腿羽白杂以黑斑。嘴黑色，脚黑褐色。

主要栖息于低山丘陵和山脚平原地区的森林和林缘地带。性格凶猛，主要食物是昆虫。

红尾伯劳 *Lanius cristatus* 雀形目 伯劳科 鸣禽 夏

体长 18 ~ 21 厘米。上体棕褐或灰褐色，两翅黑褐色，头顶灰色或红棕色，具白色眉纹和粗著的黑色贯眼纹。尾上覆羽红棕色，尾羽棕褐色，尾呈楔形。颏、喉白色，其余下体棕白色。嘴黑色，脚铅灰色。

主要栖息于低山丘陵和山脚平原地带的灌丛、疏林和林缘地带。主要以昆虫等动物为食。

棕背伯劳 *Lanius schach* 雀形目 伯劳科 鸣禽 

体长 23 ~ 28 厘米。额、头顶至后颈黑色或灰色，具黑色贯眼纹。头大，背棕红色，下体棕白色。尾长、黑色，外侧尾羽皮黄褐色。喙粗壮而侧扁，先端具利钩，嘴及脚黑色。

栖息于低山丘陵和山脚平原地区，夏季可上到海拔 2000 米左右的中山次生阔叶林和混交林的林缘地带。主要以昆虫等动物为食。

松鸦 *Garrulus glandarius* 雀形目 鸦科 鸣禽 

体长 28 ~ 35 厘米。翅短，尾长。额和头顶红褐色，口角至喉侧有一粗著的黑色颊纹。上体葡萄棕色，翅上有黑、白、蓝三色相间的横斑。嘴黑色，脚肉色。

常年栖息在针叶林、针阔叶混交林、阔叶林等森林中，有时也到林缘疏林和天然次生林内。食性较杂，食物组成随季节和环境变化而变化。

红嘴蓝鹊 *Urocissa erythroryncha* 雀形目 鸦科 鸣禽 留

体长 54 ~ 65 厘米。嘴、脚红色，头、颈、喉和胸黑色，头顶至后颈有一块白色至淡蓝白色斑块，其余上体紫蓝灰色或淡蓝灰褐色。下体白色。尾长呈凸状，具黑白相间的色斑。

主要栖息于山区常绿阔叶林、针叶林、针阔叶混交林和次生林等各种不同类型的森林中。常成小群活动，性活泼而嘈杂。食性较杂，主要以昆虫等动物为食，也吃植物。

灰喜鹊 *Cyanopica cyana* 雀形目 鸦科 鸣禽 留

体长 33 ~ 40 厘米。嘴、脚黑色，额至后颈黑色，背灰色，两翅和尾灰蓝色。尾长、呈凸状，具白色端斑，下体灰白色。

栖息于开阔的松林及阔叶林、公园和城镇居民区。多成小群活动，鸣声单调嘈杂。杂食性，但以动物为主。

喜鹊 *Pica pica* 雀形目 鸦科 鸣禽 留

体长 40 ~ 50 厘米。雌雄羽色相似，头、颈、背至尾均为黑色，并自前往后分别呈现紫色、绿蓝色、绿色等光泽，双翅黑色而在翼肩有一大型白斑，尾长呈楔形，嘴、腿、脚纯黑色，腹面以胸为界，前黑后白。

适应能力比较强，在山区、平原都有栖息，越是靠近人类活动的地方，喜鹊种群的数量往往也越多。食性较杂，食物组成随季节和环境变化而变化，夏季主要以昆虫等动物为食，其他季节则主要以植物果实和种子为食。

白颈鸦 *Corvus torquatus* 雀形目 鸦科 鸣禽 

体长约 48 厘米。除颈后、上背、颈侧及前胸为白色并形成颈圈外，其余部分均为黑色。

常见于平原、丘陵和低山，也见于海拔 2500 米左右的山地。很少集群。以种子、昆虫、垃圾、腐肉等为食。

大嘴乌鸦 *Corvus macrorhynchos* 雀形目 鸦科 鸣禽 留

体长 44 ~ 54 厘米。大嘴乌鸦雌雄同形同色，通身漆黑，上体部分羽毛带有显蓝色、紫色金属光泽。嘴粗大，嘴峰弯曲，尾长、呈楔状。

主要栖息于低山、平原和山地阔叶林、针阔叶混交林、针叶林、次生杂木林、人工林等各种森林中。杂食性，以昆虫和昆虫幼虫、动物的尸体、植物的叶、芽、果实、种子为食。

大山雀 *Parus major*　　雀形目　山雀科　鸣禽 留

体长 13 ~ 15 厘米。整个头黑色，头两侧各有一块近似三角形白斑。上体蓝灰色，背沾绿色。下体白色，胸、腹有一条宽阔黑带与颏、喉黑色相连。嘴黑褐色或黑色，脚暗褐色或紫褐色。

栖息于低山和山麓地带的次生阔叶林、阔叶林和针阔叶混交林中，也出入于人工林和针叶林。主要以昆虫为食。

黄腹山雀 *Parus venustulus*　　雀形目　山雀科　鸣禽 留

体长 9 ~ 11 厘米。雄鸟头和上背黑色，脸颊和后颈各具一白色块斑，下背、腰亮蓝灰色，翅上有两道黄白色翅斑，下胸至尾下覆羽黄色。雌鸟上体灰绿色，颏、喉、颊和耳羽灰白色，其余下体淡黄绿色。

主要栖息于海拔 2000 米以下的山地各种林木中。主要以昆虫为食。

纯色山鹪莺 *Prinia inornata* 雀形目 扇尾莺科 鸣禽 留

体长约 15 厘米。眉纹色浅，上体暗灰褐，下体淡皮黄色至偏红，尾长偏棕色。

栖息高草丛、芦苇地、沼泽、玉米地及稻田。主要以昆虫为食。

家燕 *Hirundo rustica* 雀形目 燕科 鸣禽 夏

体长约 20 厘米。前额深栗色，上体从头顶一直到尾上覆羽均为蓝黑色且富有金属光泽，腹面白色。尾长、呈深叉状。嘴黑褐色，脚黑色。

喜欢栖息在人类居住的环境。善飞行。主要以昆虫为食。

金腰燕 *Hirundo daurica* 雀形目 燕科 鸣禽 夏

体长约 17 厘米。上体黑色，具有辉蓝色光泽，腰部栗色，颊部棕色，下体白而多具黑色细纹，尾长而叉深。嘴及脚黑色。

栖息于低山及平原的居民点附近，善飞行，以昆虫为食。

领雀嘴鹎 *Spizixos semitorques* 雀形目 鹎科 鸣禽 留

体长 17 ~ 21 厘米。额和头顶前部黑色。上体暗橄榄绿色，下体橄榄黄色，喉黑色，前颈有一白色颈环。黄色的嘴短而粗厚，脚淡灰褐或褐色。领雀嘴鹎是中国特有鸟类。

主要栖息于低山丘陵和山脚平原地区，也见于海拔 2000 米左右的山地森林和林缘地带。食性较杂，以植物为主。

白头鹎 *Pycnonotus sinensis* 雀形目 鹎科 鸣禽 

体长 17 ~ 22 厘米。额至头顶黑色，两眼上方至后枕白色，上体褐灰或橄榄灰色，腹部白色或灰白色，杂以黄绿色条纹。嘴黑色，脚亦为黑色。

主要栖息于海拔 1000 米以下的低山丘陵和平原地区的灌丛、草地、果园、村落等地，也见于山脚和低山地区的阔叶林、混交林和针叶林及其林缘地带。善鸣叫，鸣声婉转多变。杂食性。

绿翅短脚鹎 *Hypsipetes mcclellandii* 雀形目 鹎科 鸣禽 留

体长 20 ~ 26 厘米。额至头顶、枕栗褐或棕褐色，背、肩、腰、尾橄榄绿色，颏、喉灰色，胸浅棕或灰棕色，从颏至胸有白色纵纹，其余下体棕白色或淡棕黄色，嘴黑色，脚肉黄色至黑褐色。

栖息在海拔 1000 ~ 3000 米的山地阔叶林、针阔叶混交林、次生林、林缘疏林、竹林、稀树灌丛和灌丛草地等各类生境中。食性较杂，主要以野生植物果实与种子为食，也吃部分昆虫。

褐柳莺 *Phylloscopus fuscatus* 雀形目 柳莺科 鸣禽 冬

体长 11 ~ 12 厘米。眉纹棕白色，贯眼纹暗褐色。上体灰褐，下体乳白色，胸及两胁沾黄褐。尾圆而略凹。嘴细小而色深，脚偏褐。

栖息于从山脚平原到海拔 4500 米的山地森林和林线以上的高山灌丛地带。主要以昆虫为食。

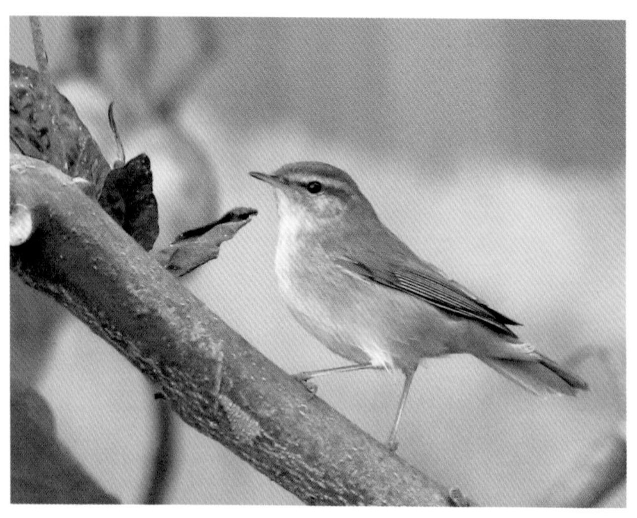

黄腰柳莺 *Phylloscopus proregulus* 雀形目　柳莺科　鸣禽 过

体长 9 ~ 10 厘米。头顶中央冠纹呈淡绿黄色，眉纹显著，上体橄榄绿色，腰羽黄色，下体苍白色，稍沾黄绿色。嘴近黑，下嘴基部淡黄。脚淡褐色。

栖息于海拔 2900 米以下的针叶林、针阔叶混交林和稀疏的阔叶林。食物主要为昆虫。

黄眉柳莺 *Phylloscopusproregulus* 雀形目 柳莺科 鸣禽 过

体长 9 ~ 10 厘米。上体橄榄绿色；眉纹淡黄绿色；自眼先有一条暗褐色的纵纹，穿过眼睛，直达枕部；翅具两道浅黄绿色翼斑；下体为沾绿黄的白色。是中国最常见、数量最多的小型食虫鸟类。

栖息于海拔几米至 4000 米的平原地带、高原和山地的森林中，以及园林、果园、田野、村落、庭院等处。主要以捕捉树上枝叶间的小虫为食。

冠纹柳莺 *Phylloscopus claudiae* 雀形目 柳莺科 鸣禽 过

体长约 11 厘米。上体橄榄绿色，头顶呈灰褐色，中央冠纹淡黄色，翅上具两道黄绿色翼斑，下体白色微沾灰色。嘴褐色，脚黄色。

栖息于海拔 4000 米以下针叶林、针阔叶混交林、常绿阔叶林和林缘灌丛地带。主要以昆虫为食。

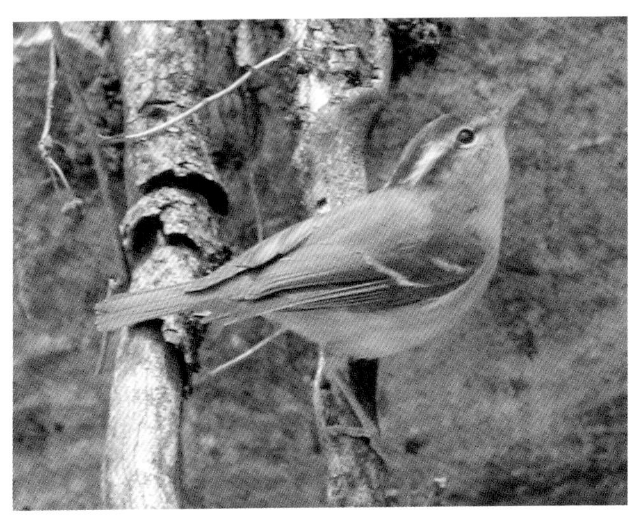

棕脸鹟莺 *Abroscopus albogularis* 雀形目 树莺科 鸣禽 留

体长约 10 厘米。头栗色，具黑色侧冠纹。上体绿，腰黄色。下体白，颏及喉杂黑色点斑，上胸沾黄。上嘴色暗，下嘴色浅，脚粉褐。

栖息于常绿林及竹林密丛。主要以昆虫为食。

强脚树莺 *Cettia fortipes* 雀形目 树莺科 鸣禽 

体长约 12 厘米的暗褐色树莺。上体概呈橄榄褐色，下体中央白色，两侧淡棕色，具较长的皮黄色眉纹，尾下腹羽黄褐色。上嘴褐色，下嘴色较淡，脚淡棕色。

栖息于阔叶林树丛和灌丛间。主要以昆虫为食，兼食一些植物。

银喉长尾山雀 *Aegithalos caudatus* 雀形目 长尾山雀科 鸣禽 留

体长 10 ~ 12 厘米。头顶黑色具浅色纵纹，头和颈侧呈葡萄棕色，背灰或黑色，下体淡葡萄红色，尾较长。嘴黑色，脚棕黑色。

多栖息于山地针叶林或针阔叶混交林。主要以昆虫为食。

红头长尾山雀 *Aegithalos concinnus* 雀形目 长尾山雀科 鸣禽 留

体长9.5～11厘米。头顶栗红色，背蓝灰色，尾长呈凸状，颏、喉白色、喉中部具黑色块斑，胸腹白色具栗色胸带和栗色的两胁。嘴蓝黑色，脚棕褐色。

主要栖息于山地森林和灌木林间，也见于果园、茶园等人类居住地附近的小林内。主要以昆虫为食。

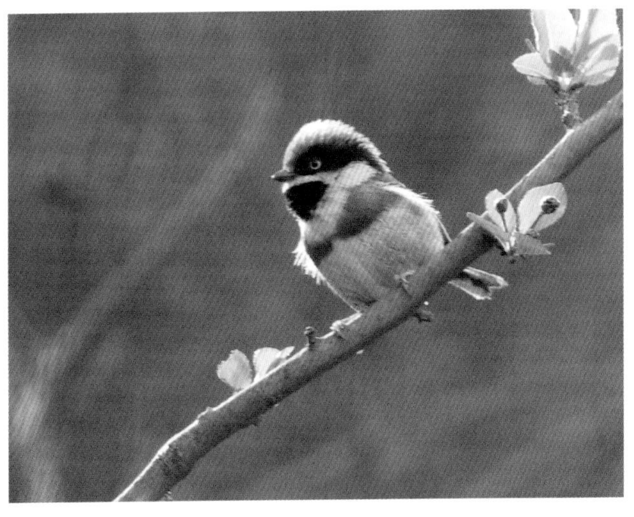

棕头鸦雀 *Paradoxornis webbianus* 雀形目 莺鹛科 鸣禽 留

体长约 12 厘米。头顶至上背棕红色，上体余部橄榄褐色，翅红棕色，尾暗褐色。下体余部淡黄褐色。嘴灰或褐色，脚粉灰。

主要栖息于海拔 1500 ~ 2000 米的中低山阔叶林和混交林林缘灌丛地带，冬季多下到山脚和平原地带的地边灌丛。常成对或成小群活动。主要以甲虫、松毛虫卵、蝽象等昆虫为食。

暗绿绣眼鸟 *Zosterops japonicus* 雀形目 绣眼鸟科 鸣禽 夏

体长 9 ~ 11 厘米。上体绿色，眼周有一白色眼圈。下体白色，颏、喉和尾下覆羽淡黄色。嘴黑色，脚暗铅色或灰黑色。

主要栖息于阔叶林和以阔叶树为主的各种类型森林中，也栖息于果园、林缘以及村寨和地边高大的树上。常单独、成对或成小群活动。主要以昆虫和一些植物为食物。

画眉 *Garrulax canorus* 雀形目 噪鹛科 鸣禽 留

体长约 23 厘米。全身大部棕褐色。头顶至上背具黑褐色的纵纹，眼圈白色并向后延伸成狭窄的眉纹。嘴和脚偏黄。

主要栖息于海拔 1500 米以下的低山、丘陵和山脚平原地带的矮树丛和灌木丛中。善鸣叫。杂食性，以昆虫、野果和草籽等为食。

黑脸噪鹛 *Garrulax perspicillatus* 雀形目 噪鹛科 鸣禽 留

体长 27 ~ 32 厘米。前额、眼先、眼周、头侧和耳羽黑色，头顶至后颈褐灰色，背暗灰褐色至尾上覆羽转为土褐色。胸、腹棕白色，尾下覆羽棕黄色。嘴黑褐色，脚淡褐色。

主要栖息于平原和低山丘陵地带的灌丛与竹丛中，也出入于庭院、人工松柏林、农田地边和村寨附近的疏林和灌丛内。常成对或成小群活动。杂食性，主要以昆虫为主，也吃其他无脊椎动物、植物果实、种子和部分农作物。

白颊噪鹛 *Garrulax sannio* 雀形目 噪鹛科 鸣禽 留

体长 21 ~ 25 厘米。前额至枕部深栗褐色，眉纹白色或棕白色、细长，往后延伸至颈侧，眼先和颊白色或棕白色，背、肩、腰和尾上覆羽等其余上体包括两翅表面棕褐或橄榄褐色。嘴褐色，脚灰褐。

一般生活在海拔 2000 米以下的高山地区以及活动于山丘、山脚及田野灌丛和矮树丛间。主要以昆虫成虫和昆虫幼虫等动物为食，也吃植物果实和种子。

红嘴相思鸟 *Leiothrix lutea* 雀形目 噪鹛科 鸣禽 留

体长 13 ~ 16 厘米。嘴赤红色，上体暗灰绿色，眼先、眼周淡黄色，两翅具黄色和红色翅斑，颏、喉黄色，胸橙黄色。脚黄褐色。

栖息于海拔 1200 ~ 2800 米的山地常绿阔叶林、常绿落叶混交林、竹林和林缘疏林灌丛地带。主要以毛虫、甲虫、蚂蚁等昆虫为食，也吃植物果实、种子等植物。

八哥 *Acridotheres cristatellus* 雀形目 椋鸟科 鸣禽 留

体长 23 ~ 28 厘米。通体黑色，前额有长而竖直的羽簇，翅具白色翅斑，飞翔时尤为明显。尾羽和尾下覆羽具白色端斑。嘴乳黄色，脚黄色。

主要栖息于海拔 2000 米以下的低山丘陵和山脚平原地带的次生阔叶林、竹林和林缘疏林中。以昆虫和昆虫幼虫为食，也吃植物果实和种子等植物。

丝光椋鸟 *Sturnus sericeus* 雀形目 椋鸟科 鸣禽 留

体长 20～23 厘米。嘴朱红色，脚橙黄色。雄鸟头、颈丝光白色或棕白色，背深灰色，胸灰色，往后均变淡，两翅和尾黑色。雌鸟头顶前部棕白色，后部暗灰色，上体灰褐色，下体浅灰褐色，其他同雄鸟。

主要栖息于海拔 1000 米以下的低山丘陵和山脚平原地区的次生林、小块丛林和稀树草坡等开阔地带。喜结群，主要以昆虫为食，也吃植物果实与种子。

灰椋鸟 *Sturnus cineraceus* 雀形目 椋鸟科 鸣禽 

体长 18 ~ 24 厘米。头顶至后颈黑色，颊和耳覆羽白色微杂有黑色纵纹。上体灰褐色，尾上覆羽白色，嘴橙红色，尖端黑色，脚橙黄色。

栖息于平原或山区的稀树地带，繁殖期成对活动，非繁殖期常集群活动，主要以昆虫为食。

橙头地鸫 *Zoothera citrina* 雀形目 鸫科 鸣禽 

体长约22厘米。上体蓝灰色，头部和下体为鲜艳的橙黄色，颊上具两道深色的斑纹。嘴略黑，脚肉色。

喜多荫森林，常躲藏在浓密树叶遮蔽下的地面。主要以昆虫为食。

乌灰鸫 *Turdus cardis* 雀形目 鸫科 鸣禽 

体长约 21 厘米。雄鸟上体纯黑灰，头及上胸黑色，下体余部白色，腹部及两胁具黑色点斑。雌鸟上体灰褐，下体白色，上胸具偏灰色的横斑，胸侧及两胁沾赤褐，胸及两侧具黑色点斑。嘴雄鸟黄色，雌鸟近黑，脚肉色。

多栖息于海拔 500～800 米的灌丛和森林中。主要以昆虫成虫和昆虫幼虫为食。

乌鸫 *Turdus merula* 雀形目 鸫科 鸣禽 留

体长 21 ~ 29 厘米。雄性的乌鸫除了黄色的眼圈和喙外，全身都是黑色。雌性和初生的乌鸫没有黄色的眼圈，但有一身褐色的羽毛和喙。脚黑色。

主要栖息于次生林、阔叶林、针阔叶混交林和针叶林等各种不同类型的森林中，尤其喜欢栖息在林缘疏林、农田旁树林、村镇边缘。善鸣叫。杂食性鸟类，食物包括昆虫、蚯蚓、种子和浆果。

斑鸫 *Turdus eunomus* 雀形目 鸫科 鸣禽 

体长 20 ~ 24 厘米。上体从额、头顶一直到尾上覆羽橄榄褐色。眼先黑色，有明显淡棕红色或黄白色的眉纹，下体白色，喉、颈侧、两胁和胸具黑色斑点。嘴黑褐色，下嘴基部黄色，脚淡褐色。

冬季主要栖息于杨桦林、杂木林、松林和林缘灌丛地带，也出现于农田、地边、果园和村镇附近疏林灌丛草地和路边树上。主要以昆虫为食。

红胁蓝尾鸲 *Tarsiger cyanurus* 雀形目 鹟科 鸣禽 

体长 13 ~ 15 厘米。雄鸟上体蓝色，喉白，眉纹白，两胁橘黄色，腹部及臀白色，尾羽蓝色。雌鸟上体褐色。嘴黑色，脚紫褐色。

冬季见于低山丘陵和山脚平原地带的次生林，林缘疏林、道旁和溪边疏林灌丛中。主要以昆虫成虫和昆虫幼虫为食。

♀

♂

鹊鸲 *Copsychus saularis* 雀形目 鹟科 鸣禽 留

体长约 21 厘米。两性羽色相异，雄鸟上体大都黑色，翅具白斑，下体前黑后白。雌鸟则以灰色或褐色替代雄鸟的黑色部分。嘴黑色，脚灰褐色或黑色。

主要栖息于海拔 2000 米以下的低山、丘陵和山脚平原地带的次生林、竹林、林缘疏林灌丛和小块丛林等开阔地方。善鸣叫，叫声婉转多变，悦耳动听。主要以昆虫为食。

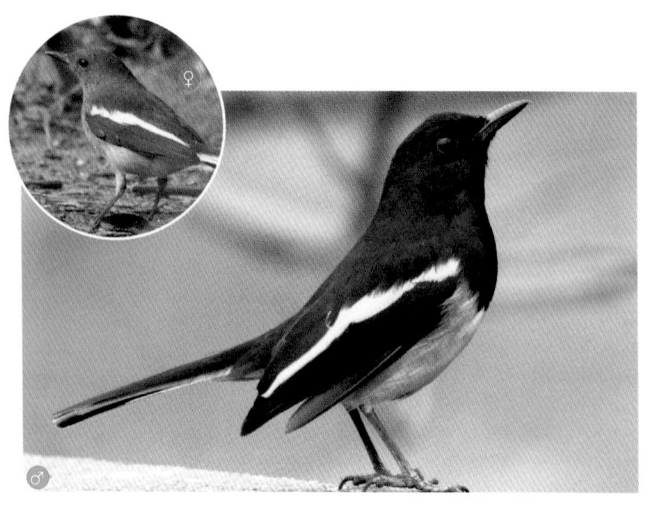

蓝额红尾鸲 *Phoenicurus frontalis* 雀形目 鹟科 鸣禽 留

体长 14 ~ 16 厘米。雄鸟头顶至背部以及颏、喉和上胸概为黑色具蓝色金属光泽,腰、尾上覆羽和下体余部橙棕色或棕色。雌鸟羽色多为棕褐色。嘴、脚黑色。

繁殖期间主要栖息于海拔 2000 ~ 4200 米的亚高山针叶林和高山灌丛草甸，冬季多下到中低山和山脚地带。主要以昆虫为食，也吃少量植物果实与种子。

北红尾鸲 *Phoenicurus auroreus* 雀形目 鹟科 鸣禽 冬

体长 13 ~ 15 厘米。雄鸟头顶至直背石板灰色，下背和两翅黑色具明显的白色翅斑，尾橙棕色，前额基部、头侧、颈侧、颏喉和上胸概为黑色，其余下体橙棕色。雌鸟上体橄榄褐色，两翅黑褐色具白斑，眼圈微白，下体暗黄褐色。

栖息于山地、森林、河谷、林缘和居民点附近的灌丛与低矮树丛中。主要以昆虫为食。

紫啸鸫 *Myophonus caeruleus* 雀形目 鹟科  鸣禽 

体长 28 ~ 35 厘米。前额基部和眼先黑色，全身羽毛呈黑暗的蓝紫色，各羽先端具亮紫色的滴状斑，嘴、脚为黑色。

主要栖息于海拔 3800 米以下的山地森林溪流沿岸，尤以阔叶林和混交林中多岩的山涧溪流沿岸较常见。地面取食，主要以昆虫成虫和昆虫幼虫为食。

黑喉石䳭 *Saxicola torquata* 雀形目 鹟科 鸣禽 过

体长 12 ~ 15 厘米，为中等体型的黑、白及赤褐色石䳭。雄鸟头部、喉部及飞羽黑色，颈及翼上具粗大的白斑，腰白，胸棕色。雌鸟色较暗而无黑色，喉部浅白色。嘴、脚黑色。

栖息于低山、丘陵、平原、草地、沼泽、田间灌丛、旷野以及湖泊与河流沿岸附近灌丛草地。主要以昆虫为食，也食少量植物果实和种子。

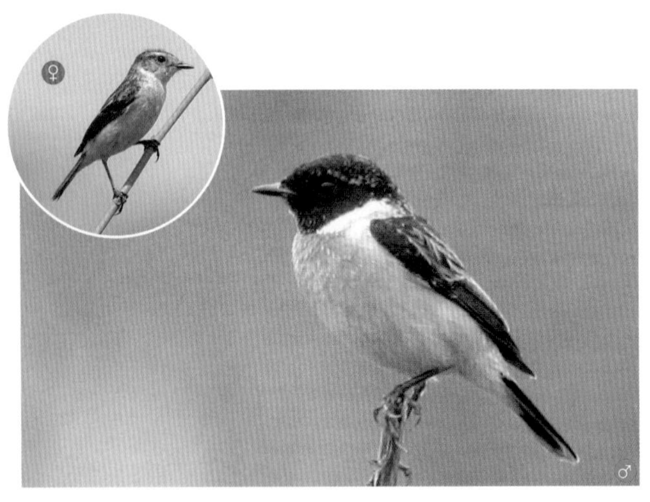

北灰鹟 *Muscicapa dauurica* 雀形目 鹟科 鸣禽 过

体长约 13 厘米。上体灰褐，下体偏白，胸侧及两胁褐灰，眼圈白色。嘴黑色，下嘴基黄色，脚黑色。

迁徙过境时做短时间停留，常见于各种高度的林地及园林。以昆虫为食。

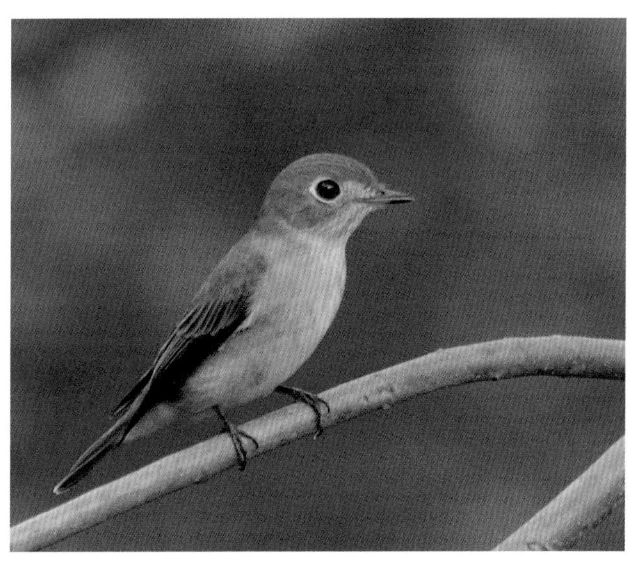

白眉姬鹟 *Ficedula zanthopygia* 雀形目 鹟科 鸣禽 夏

体长 11 ~ 14 厘米。雄鸟上体大部黑色，眉纹白色，腰鲜黄色，两翅和尾黑色，翅上具白斑。下体鲜黄色。雌鸟上体大部橄榄绿色。腰鲜黄色，翅上亦具白斑，下体淡黄绿色。嘴雄鸟黑色，雌鸟上嘴褐色，下嘴铅蓝色，脚铅黑色。

栖息于海拔 1200 米以下的低山丘陵和山脚地带的阔叶林和针阔叶混交林中。主要以昆虫成虫和昆虫幼虫为食。

白腰文鸟 *Lonchura striata* 雀形目 梅花雀科 鸣禽 留

体长 10 ~ 12 厘米。上体红褐色或暗沙褐色，具白色羽干纹，腰白色，下胸和腹近白色，各羽具“U”形纹。上嘴黑色，下嘴蓝灰色，脚蓝褐或深灰色。

栖息于海拔 1500 米以下的低山、丘陵和山脚平原地带。好结群。主要以植物种子为食，特别喜欢稻谷，也吃少量昆虫等动物。

麻雀 *Passer montanus* 雀形目 雀科 鸣禽 留

体长 13 ~ 15 厘米。额、头顶至后颈栗褐色，头侧白色，耳部有一黑斑，背沙褐或棕褐色具黑色纵纹。颏、喉黑色，其余下体污灰白色微沾褐色。嘴一般为黑色，脚黄褐色。

主要栖息在人类居住环境，多栖息在居民点或其附近的田野。常成群活动。主要以种子、果实等植物为食，繁殖期间也吃大量昆虫。

黄鹡鸰 *Motacilla flava* 雀形目 鹡鸰科 鸣禽 过

体长 15 ~ 18 厘米。头顶蓝灰色，上体橄榄绿色或灰色，具白色、黄色或黄白色眉纹，下体黄色。嘴和脚黑色。

栖息于低山丘陵、平原以及海拔 4000 米以上的高原和山地。飞行时呈波浪式前进。主要以昆虫为食。

灰鹡鸰 *Motacilla cinerea* 雀形目 鹡鸰科 鸣禽 

体长约 19 厘米。眉纹和颧纹白色，上背灰色，飞行时白色翼斑和黄色的腰显现，下体鲜黄色，尾较长。

主要栖息于溪流、河谷、湖泊、水塘、沼泽等水域岸边或水域附近的草地、农田、住宅和林区居民点。飞行时呈波浪式前进。主要以昆虫为食。

白鹡鸰 *Motacilla alba* 雀形目 鹡鸰科 鸣禽 留

体长约18厘米。体羽为黑白二色，颏、喉白色或黑色，胸黑色，其余下体白色。嘴和脚黑色。

主要栖息于河流、湖泊、水库、水塘等水域岸边，也栖息于农田、湿草原、沼泽等湿地。多在水边或水域附近活动。飞行时呈波浪式前进。主要以昆虫为食。

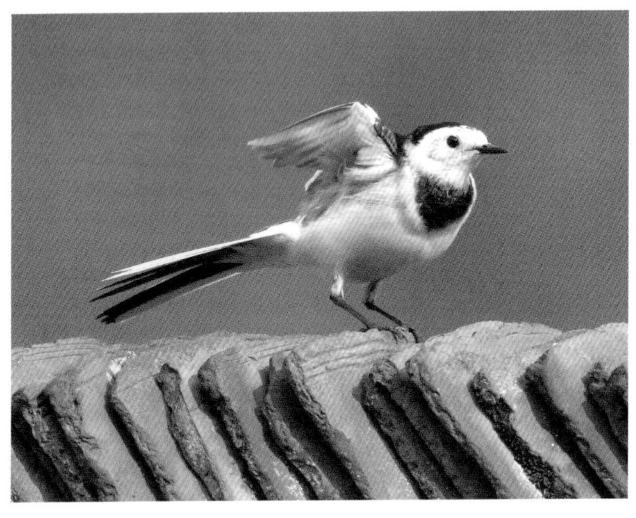

树鹨 *Anthus hodgsoni* 雀形目 鹡鸰科 鸣禽 冬

体长 15 ~ 16 厘米。上体橄榄绿色具褐色纵纹。眉纹乳白色或棕黄色，耳后有一白斑。下体灰白色。上嘴黑色，下嘴黄色，跗跖和趾肉色或褐色。

冬季多栖于低山丘陵和山脚平原草地。多在地上奔跑觅食。主要以昆虫和植物的种子为食。

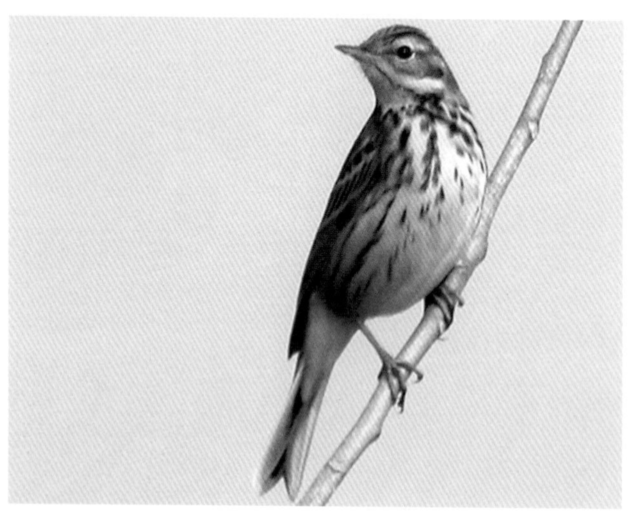

燕雀 *Fringilla montifringilla* 雀形目 燕雀科 鸣禽 冬

体长 14 ~ 17 厘米。嘴粗壮而尖，呈圆锥状。雄鸟从头至背辉黑色，背具黄褐色羽缘。腰白色，颏、喉、胸橙黄色，腹至尾下覆羽白色，两胁淡棕色而具黑色斑点。嘴基角黄色，嘴尖黑色，脚暗褐色。雌鸟羽色较淡。

迁徙期间和冬季，主要栖息于林缘疏林、次生林、农田、旷野、果园和村庄附近的小林内。主要以果食、种子等植物为食，尤喜杂草种子。

金翅雀 *Carduelis sinica* 雀形目 燕雀科 鸣禽 留

体长 12 ~ 14 厘米。头顶暗灰色，背栗褐色具暗色羽干纹，腰金黄色，翅上翅下都有一块大的金黄色块斑。嘴黄褐色或肉黄色，脚淡棕黄色或淡灰红色。

栖息于海拔 1500 米以下的低山、丘陵、山脚和平原等开阔地带的疏林中。主要以植物果实、种子等植物为食。

黑尾蜡嘴雀 *Eophona migratoria* 雀形目 燕雀科 鸣禽 夏

体长 17 ~ 21 厘米。嘴粗大、黄色。雄鸟头辉黑色，颏和上喉黑色，背、肩灰褐色，腰和尾上覆羽浅灰色，两翅和尾黑色，初级覆羽和外侧飞羽具白色端斑。其余下体灰褐色或沾黄色，腹和尾下覆羽白色。

栖息于低山和山脚平原地带的阔叶林、针阔叶混交林、次生林和人工林中。主要以种子、果实、嫩叶、嫩芽等植物为食，也吃部分昆虫。

三道眉草鹀 *Emberiza cioides* 雀形目 鹀科 鸣禽 

体长约 16 厘米。具醒目的黑白色头部图纹和栗色的胸带，以及白色的眉纹。雌鸟色较淡，眉纹及下颊纹黄色，胸浓黄色。

喜欢在开阔的环境中活动，常见于丘陵地带和半山区地稀疏阔叶林地，山麓平原，灌丛、草丛和农田。冬春季食物以野草种为主，夏季以昆虫为主。

小鹀 *Emberiza pusilla*　　雀形目　鹀科　鸣禽 冬

体长约 13 厘米。雄鸟夏羽头部赤栗色。头侧线和耳羽后缘黑色，上体余部大致沙褐色，背部具暗褐色纵纹。下体偏白，胸及两胁具黑色纵纹。嘴褐色或角褐色，下嘴基部肉色或肉黄色，脚肉色。

栖息于海拔 700 ~ 1100 米的低山地带，常出现在林下植物发达的针阔叶混交林中，尤喜在山溪沟谷、林缘、林间空地和林下灌丛或草丛活动。主要以种子、果实等植物为食，也吃昆虫等动物。

灰头鹀 *Emberiza spodocephala* 雀形目 鹀科 鸣禽 

体长 13 ~ 16 厘米。头至胸均灰绿色，背橄榄褐色，具有黑褐色条纹，下体亮黄色。嘴浅棕褐，脚肉色。

生活于山区河谷溪流两岸，平原沼泽地的疏林和灌丛中，也见于山边杂林、草甸灌丛、山间耕地以及公园、苗圃。杂食性，主要以杂草种子、植物果实和各种谷物为食。

哺乳类

DI-ER ZHANG
BURULEI

哺乳动物是脊椎动物中最高等的一个类群。其主要特征是：身体表面有毛，一般分头、颈、躯干、四肢和尾五个部分；用肺呼吸；体温恒定；脑较大而发达；哺乳；胎生。哺乳和胎生是哺乳动物最显著的特征。胚胎在母体里发育，母兽直接产出胎儿。母兽都有乳腺，能分泌乳汁哺育仔兽。

根据哺乳动物的行为特征，科学家将其划分各种生态类型，东湖地区记录的哺乳动物主要有以下几种类型。

1. 穴居型。主要在地面活动，栖息、避敌于洞穴，或在地下寻找食物。

2. 岩洞栖息型。在岩洞中栖息的小型兽类。

3. 树栖型。主要在树上栖息、觅食的兽类。

4. 陆栖型。主要在地面活动的兽类。

草兔 *Lepus capensis* 兔形目 兔科 穴居型

体长约50厘米。体型较大。体背面毛色变化大，由沙黄色至深褐色，通常带有黑色波纹。臀部毛色通常较背部为淡，耳尖外侧黑色。

昼夜皆活动，但以黄昏时分最为活跃。以青草、树苗、嫩枝、树皮以及各种农作物与种子充当食物。

 *Mustela sibirica*　食肉目　鼬科　穴居型

体长约35厘米。身体细长。头细，颈较长。耳郭短而宽，稍突出于毛丛。其毛色从浅沙棕色到黄棕色，色泽较淡。

夜行性，尤其是清晨和黄昏活动频繁，有时也在白天活动。受到威胁时，臭腺会分泌刺激性物质以麻痹敌人。主要以啮齿类动物为食，偶尔也捕食其他小型哺乳动物。

黑线姬鼠 *Apodemus agrarius* 啮齿目 鼠科 穴居型

体长约 10 厘米，尾长约 8 厘米。体背淡灰棕黄色，背部中央具明显纵向黑色条纹，起于两耳间的头顶部，止于尾基部，亦即黑线姬鼠之得名，该黑线有时不甚完全，较短或不甚清晰。

其活动范围随季节变化而不同，根据可获取的食物而转移。以种子、植物根茎、青苗、昆虫为食。

猪獾 *Arctonyx collaris* 食肉目 鼬科 穴居型

体长约20厘米。整个身体黑白两色混杂。头部正中从吻鼻部裸露区向后至颈后部有一条白色条纹，吻鼻部两侧面至耳郭、穿过眼为一黑褐色宽带，向后渐宽。

喜欢穴居，在荒丘、路旁、田埂等处挖掘洞穴，也侵占其他兽类的洞穴。杂食性。主要以蚯蚓、青蛙、蜥蜴、泥鳅、黄鳝、甲壳动物、昆虫、蜈蚣、小鸟和鼠类等动物为食。

普氏蹄蝠 *Hipposideros pratti* 翼手目 蹄蝠科 岩洞栖息型

前臂长约 8 厘米。具有较大的鼻叶，形似马蹄，毛色通体为淡棕黄色，有的个体背部色泽稍淡，色泽不一。

常数十或数百只集聚于岩洞高处，也有单只挂于洞壁。主要以夜行性飞虫为食。

隐纹花松鼠 *Tamiops swinhoei* 啮齿目 松鼠科 树栖型

俗称隐纹花鼠、豹鼠，体长约 13 厘米。整个背部贯穿黑白相间的纵向条纹，腹部灰白色。

主要栖息于树上，也常下地活动，具集群性。其巢穴通常在树洞或枝杈间。城市公园常可见逃逸个体。主要以各种种子、嫩芽、地衣、树皮和昆虫为食。

东北刺猬 *Erinaceus amurensis* 猬形目 猬科 陆栖型

体长约 25 厘米。体型较小，矮短、肥满。体背及体侧被以粗而硬的棘刺。头宽，吻尖，眼小，耳短且不超过周围棘长。

常出没于农田、瓜地、果园等处。在灌木丛、树根、石隙等处穴居。受到威胁时，能将身体卷曲成球状，将刺朝外，保护自己。主要以昆虫和蠕虫为食。

岩松鼠 *Sciurotamias davidianus* 啮齿目 松鼠科 半树半陆栖型

俗称扫毛子、石老鼠等，体长约 20 厘米，尾长而蓬松。背部灰黑黄色，腹部灰白色。

喜欢在山崖灌丛附近活动，善跳跃。人类饲养的逃逸个体偶见于城市公园内。喜食带油性的干果，能窃食谷物等农作物，有贮食习性。

两栖类

DI-SAN ZHANG
LIANGQILEI

两栖动物是第一个登上陆地的脊椎动物类群，具有重要的进化意义。两栖动物的皮肤裸露，表面没有鳞片、毛发等覆盖，但是可以分泌黏液以保持身体的湿润。其幼体在水中生活，用鳃呼吸，长大后用肺兼皮肤呼吸。两栖动物生活史中有一个发育阶段必须在水中完成，而成体虽然可以登上陆地，却不能完全脱离水环境生存，因此被称为两栖动物。最具代表性的是各种蛙类。

东湖地区记录两栖动物 8 种，全部为蛙类。外来物种用外标记。

中华蟾蜍 *Bufo gargarizans* 无尾目 蟾蜍科

雄蟾体长约9厘米，雌蟾略大。背部黄褐色，身体布满疣粒，眼后具椭圆形耳后腺。腹部灰白色，具黑色碎花纹。

相对于其他蛙类，耐干旱，夜晚常可在草坪或者人工步道上见到它们爬行。主要以昆虫、软体动物、环节动物和其他无脊椎动物为食。

泽陆蛙 *Euphlyctis limnocharis* 无尾目 叉舌蛙科

雄蛙体长约 4 厘米，雌蛙略大。背面通常土黄色，部分个体背面正中具一条白色或褐色的背中线。

适应力极强，几乎遍布各类水体及农田。繁殖期长，蝌蚪甚至可以在车轮印形成的小水体生存。主要以小型无脊椎动物为食。

湖北侧褶蛙 *Pelophylax hubeiensis* 无尾目 蛙科

雄性体长约 4 厘米，雌性略大。背面绿色，两侧分别具一条金色或黄褐色的侧褶。雄性鼓膜大于眼径。

喜栖息于生长有水草的湖泊湿地，常见于城市公园的池塘。该物种不具声囊，因此无法发出响亮的鸣叫。以小型无脊椎动物为食。

黑斑侧褶蛙 *Pelophylax nigromacu lata* 无尾目 蛙科

雄性体长约 6 厘米，雌性略大。背部灰绿色，大部分个体有背中线，且具有黑色斑点。鼓膜小于眼径。

喜栖息于生长有水草的湖泊湿地，常见于城市公园的池塘。早春时节，会集体合唱，发出嘹亮的繁殖鸣叫。主要以昆虫为食，也吃蚯蚓和蜗牛。

中国林蛙 *Rana temporaria chensinensis* 无尾目 蛙科

雄性体长约 5 厘米，雌性略大。背部土黄色或褐色，骨膜部位有黑色三角斑，部分个体在肩上方有“八”形疣粒。

平原地区数量相对较少，但仍可在林地中发现它们的身影。以小型无脊椎动物为食。

饰纹姬蛙 *Microhyla ornate* 无尾目 姬蛙科

雄蛙体长约 2 厘米，雌蛙略大。背面灰色或棕黄色，具 2 个深色“八”形斑纹。

适应力强，栖息于各种水体环境附近。虽然身体小巧，但鸣叫声音响亮。主要以小型昆虫为食。

沼水蛙 *Boulengerana guentheri* 无尾目　蛙科

雄蛙体长约 7 厘米，雌蛙略大。背面土褐色，侧面具黑色斑点。

中部平原地区分布较少，但偶尔集中于人工池塘，繁殖期发出“咣咣咣”的鸣叫。主要以昆虫为食，也觅食蚯蚓、田螺等。

牛蛙 *Lithobates catesbeiana* 无尾目 蛙科 外

原产于美国东部。体长超过 20 厘米，重可达 750 克。背部黑褐色，布有黑色斑点，腹淡黄或白色。

杂食性，几乎会生吞一切可以吞下的动物。最初因其食用价值被引入，后扩散到各大水体，严重威胁本土生物的生存。

爬行类

DI-SI ZHANG
PAXINGLEI

14/种

爬行动物是体被角质鳞或硬甲，在陆地上繁殖的变温动物。人们常见的蛇、蜥蜴、龟、鳖、鳄鱼等均属爬行动物。它们的主要特征是：卵生、有羊膜卵、变温、皮肤干燥、被有鳞片或甲板，骨骼也具有一系列适应陆地生活的特征。指趾有爪，有利于陆地爬行和攀缘。

东湖地区记录的爬行动物有 14 种。爬行动物中毒蛇具有高度危险性，加上它们的保护色，很难让人看到，因此在野外的时候需要特别注意。

中华鳖 *Pelodiscus sinensis* 龟鳖目 鳖科

全长约30厘米。身体呈扁椭圆形，体被柔软的革质皮肤，边缘肥厚的结缔组织，俗称“裙边”。

白天多潜伏于泥中，晚上出来觅食。闷热的晚上，常可在湖边的石块甚至马路上发现他们的踪迹。主要以鱼虾为食。

乌龟 *Mauremys reevesii* 龟鳖目 地龟科

甲壳长约 10 厘米。四肢略扁平，指间和趾间均具全蹼。头和颈侧面有黄色线状斑纹。

常可在湖泊和湿地发现它们的踪迹。当受到惊吓时，会将身体各部位缩入壳中。杂食性，以昆虫、蠕虫、小鱼、虾、螺、蚌、嫩叶、浮萍等为食。

多疣壁虎 *Gekko japonicus* 蜥蜴目　壁虎科

全长 10 ~ 14 厘米。体扁平，背面暗灰色，颜色深浅依栖息环境而异，具有 5 个浅色横斑；尾背有 9 ~ 12 个浅灰色横环，腹面灰白色。

栖息在建筑物和岩石缝隙中，石下、树上及柴草堆内也常常见到它们的身影。遇到危险时，常断尾逃生。主要于夜间捕食小型昆虫和其他无脊椎动物。

宁波滑蜥 *Scincella modesta* 有鳞目 石龙子科

全长 8 ~ 10 厘米。身体背面古铜色，腹面灰白色，阳光下有金属光泽。

喜灌丛、林下等环境。适应力强，即使在寒冷的冬季，仍会在阳光充足的日子见到它们的身影。主要以昆虫、蚯蚓、蛞蝓以及其他无脊椎动物为食。

北草蜥 *Takydromus septentrionalis* 有鳞目 蜥蜴科

全长 24 ~ 30 厘米，尾长为体长的 2 倍以上。背面绿褐色，体侧绿色，腹面灰白色。

常出现于灌丛和草丛中，因身体较轻，可以在草茎上行走自如，且具有较好的保护色。主要以昆虫、蚯蚓和其他无脊椎动物为食。

赤链蛇 *Lycodon rufozonatum* 有鳞目 游蛇科

全长100~150厘米。背面黑色,具60个以上红色环状斑纹,侧面具黑色斑点,腹部灰黄色。微毒。

喜栖息于近水环境,亦可在农田、林地和居住区发现它们的身影。主要以蛙类、鱼类、蜥蜴和其他蛇类为食。

赤链华游蛇 *Sinonatrix annularis* 有鳞目 游蛇科

全长约 50 厘米。通体具黑色环状纹路，腹面具黑红相间的棋格状斑纹。无毒。

栖息于近水环境的农田、沼泽以及湿地。为卵胎生蛇类，亲蛇直接生出小蛇而不是卵。主要以小型蛙类和鱼类为食。

红纹滞卵蛇 *Oocatochus rufodorsatus* 有鳞目 游蛇科

全长约70厘米。背面具4条黑褐色纵纹，头部具3个倒“V”形黑色斑纹，腹面为黄黑相间的棋格斑。无毒。

栖息于近水环境的农田、沼泽以及湿地。为卵胎生蛇类，亲蛇直接生出小蛇而不是卵。主要以蛙类和鱼类为食。

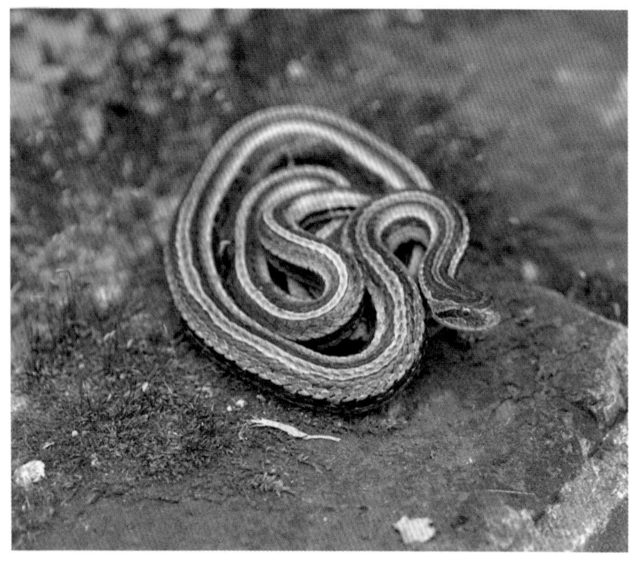

王锦蛇 *Elaphe carinata* 有鳞目 游蛇科

体长可达200厘米以上，重可超过5千克。身体前段具有黄色斑纹，形似油菜花，故而也被称为菜花蛇。成年个体的头部具有“大王”二字，因此也被称为大王蛇。无毒。

出没于各种环境，甚至会盘绕在树干上休息。性情凶猛，被激怒时会释放臭腺里的液体，并对侵犯者发动疯狂的反击。食性广泛，捕食一切可以吃下的脊椎动物。

黑眉锦蛇 *Orthriophis taeniurus* 有鳞目 游蛇科

体长可超过 200 厘米。眼后具明显黑色斑纹，似眉毛，故而得名黑眉锦蛇。其身体呈土黄色，分布有黑色斑点。身体中部到尾梢具 4 条黑色纵纹。无毒。

栖息于各种生境，可上树，可游泳。清晨温度较低时，常可见它们在石块或树干上晒太阳取暖。主要以小型啮齿动物和鸟类为食。

虎斑颈槽蛇 *Rhabdophis tigrinus* 有鳞目 游蛇科

全长约 80 厘米。背面草绿色，具黑色斑纹，颈后的黑斑之间具有鲜红色花纹。腹部淡黄绿色。微毒。

喜栖息于近水的农田，湖泊和湿地。也会在林下和山地发现它们的身影。主要以两栖动物和鱼类为食。

乌梢蛇 *Ptyas dhumnades* 有鳞目 游蛇科

全长可达 250 厘米以上。背正中具 2 行菱形鳞片，多为黄色，背面多为棕褐色，体侧各具两条黑色纵纹。无毒。

喜近水的农田、湿地及湖泊等环境。行动速度敏捷，常常只能看见其身影一闪而过。主要以蛙类和鱼类为食。

Gloydius brevicaudus 有鳞目 蝰科

全长 45 厘米左右。身体粗短，头呈三角形。背面土褐色，具大块黑色圆形斑块。其身体颜色接近土地的颜色，常被称为“土公蛇”。剧毒。

适应力强，出现于各种生境。主要以小型啮齿动物、两栖动物为食。

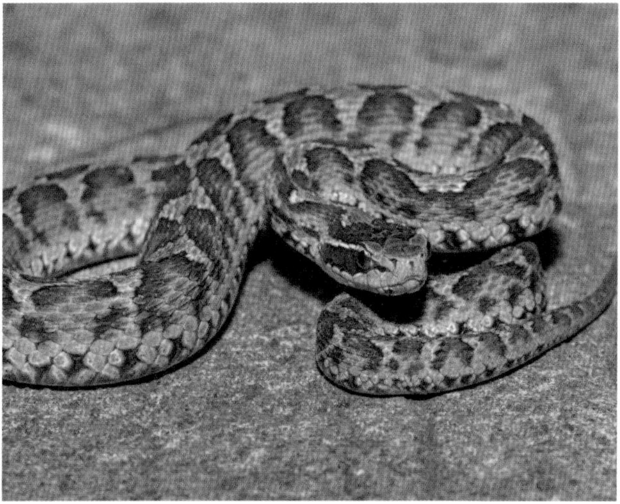

银环蛇 *Bungarus multicinctus* 有鳞目 眼镜蛇科

全长150厘米左右。通体黑色，具30 ~ 50个白色或乳黄色环形花纹，腹部灰白色。中国毒性最强的毒蛇。

喜栖息于近水的农田、湿地及周边的低山。昼伏夜出，闷热的夜晚更易遇见。食性复杂，几乎捕食所有脊椎动物类群。

鱼

DI-WU ZHANG
YULEI

29/种

现代分类学家给“鱼”下的定义是：终生生活在水里、用鳃呼吸、用鳍游泳、体表覆盖鳞片或裸露、变温、多为卵生的脊椎动物。鱼类包括圆口纲、软骨鱼纲和硬骨鱼纲等三大类群。世界上已知鱼类约有30000种，是脊椎动物中种类最多的一大类，约占脊椎动物总数的48.1%。它们绝大多数生活在海洋里，淡水鱼有8600余种，我国现有鱼类4000余种，其中淡水鱼1400余种。在东湖水域记录的45种鱼类全部为淡水鱼，本书选取其中29种进行介绍。

鱼名生僻字注音：

鲂 fáng	鳟 zūn	鳑 páng	鲏 pí
鳜 yù	鳈 quán	鳉 jiāng	鳢 lǐ
鲌 bó	鱵 zhēn		

青鱼 *Mylopharyngodon piceus* 鲤形目 鲤科

四大家鱼之一，体长可达 190 厘米。略呈圆筒形，腹部平圆，无腹棱。体青黑色，背部颜色更深，鱼鳍灰黑色。

常可在较大水体中见到。肉食性，主食螺蛳、蚌、虾和水生昆虫，因喜食螺蛳而得名“螺蛳鲩”。

草鱼 *Ctenopharyngodon idella* 鲤形目 鲤科

四大家鱼之一，体长可超过100厘米。体延长，呈亚圆筒形，体青黄色。头宽平，口端位，无须。

喜居于水的中下层和近岸多水草区域。为典型的草食性鱼类，幼鱼期则食水生昆虫幼虫、藻类等，也吃一些荤食，如蚯蚓、蜻蜓幼虫等。

鲢 *Hypophthalmichthys molitrix* 鲤形目 鲤科

四大家鱼之一，体长超过 100 厘米。体侧扁，较高，体银灰色。

常常聚集群游至水域的中上层，特别是水质较肥的明水区。典型的滤食性鱼类，鱼苗以浮游动物为食，2 厘米以后转为觅食浮游植物。

Hypophthalmichthys nobilis 鲤形目 鲤科

四大家鱼之一，俗称胖头鱼。体长可达160厘米，外形似鲢鱼，体型侧扁。头部较大而且宽，口也很宽大，且稍微上翘。

栖息于湖泊、池塘、水库等水域。性成熟时到江中产卵，产卵后大多数个体进入沿江湖泊摄食肥育。滤食性鱼类，主要以浮游动物为食。

团头鲂 *Megalobrama amblycephala* 鲤形目 鲤科

团头鲂的俗称便是著名的武昌鱼，体长约 35 厘米。体侧扁而高，呈菱形，体呈青灰色。

栖息于底质为淤泥、生长有沉水植物的敞水区的中、下层中。主要以苦草、轮叶黑藻、眼子菜等沉水植物为食。

鲫 *Carassius auratus*

鲤形目　鲤科

俗称喜头鱼，体长约15厘米。体侧扁，稍高，背鳍和臀鳍具硬刺，背面青褐色，腹面银灰色。

为杂食性鱼类，适应力极强，几乎分布于全国范围的所有水体中。栖息于水的下层，杂草丛生的水域，在具有腐殖质的水底觅食。

赤眼鳟 *Squaliobarbus curriculus* 鲤形目 鲤科

体长 30 ~ 50 厘米。体呈长筒形、腹圆、后部较侧扁，体色银白、背部略呈深灰、成鱼鳃盖呈金黄色、眼的上缘有一显著红斑，故名红眼。

栖息于水体上中层，胆小易受惊吓。杂食性鱼类，藻类、有机碎屑、水草等均可摄食。

麦穗鱼 *Pseudorasbora parva* 鲤形目 鲤科

体长 5 ~ 7 厘米，头尖，略平扁。身体相对细长，稍侧扁。体侧鳞片的后缘常具新月形黑斑。

此物种分布极广，几乎所有淡水水域都有它的踪迹。主要以小型无脊椎动物为食，并会大量吞食附着于水草的各种鱼卵。

中华鳑鲏 *Rhodeus sinensis*

鲤形目　鲤科

体长 3 ~ 5 厘米。体侧扁，卵圆形，无须。生殖季节雄鱼的吻端左右各侧有一丛白色珠星，眼眶上缘也有珠星。雌鱼具长的产卵管，背鳍前部有一个大黑点。

常集群在水草较多的浅水区域游弋，雌鱼产卵时伸出产卵管，将卵产于河蚌鳃腔进行孵化。主要以小型无脊椎生物为食。

Acheilognathus macropterus 鲤形目 鲤科

体长约 10 厘米。体扁而薄，呈卵圆形。口亚下位，略呈马蹄形。体侧灰黑色，侧线以上体色较深。腹面白色。部分个体体侧具深褐色斑点。

常见于缓流或静水水草丛生的水体中，也出现于沟渠、溪流上游。多在夜间活动。主要以底栖无脊椎动物为食。

Acanthorhodeus chankaensis　鲤形目　鲤科

体长约8厘米。体扁薄，外形呈长椭圆形。吻短钝，一般口角无须，部分个体会有凸起状短须。背部黄灰色，两侧下部灰白色。腹鳍和臀鳍为黄白色，雄鱼臀鳍外缘具较宽的深黑色边缘。

常见于沟渠和池塘的缓流及静水水域。主要以硅藻、蓝藻和丝状藻类为食。

黑鳍鳈 *Sarcocheilichthys nigripinnis* 鲤形目 鲤科

体长约 8 厘米。雄鱼颊部、颌部及胸鳍基部处为橙红色，尾鳍呈黄色。体背及体侧灰暗，间杂有黑色和棕黄色的斑纹，腹部白色。

常见于水质澄清的流水或静水中。杂食性鱼类，喜食底栖无脊椎动物和水生昆虫，也会摄食甲壳类、软体类以及藻类和植物碎屑。

棒花鱼 *Abbottina rivularis* 鲤形目 鲤科

体长 5 ~ 7 厘米。体稍侧扁。头较短，吻短，前端圆钝。体侧和背部具若干黑色斑块，背鳍和尾鳍具黑色小点组成的斑纹。俗称“麻姑轮子”。

属于底栖鱼类，繁殖期间，在沙底掘坑为巢，雄鱼有筑巢和护巢的习性。常见于静水或溪流中。主要以无脊椎动物为食。

鲤 *Cyprinus carpio* 鲤形目 鲤科

体长可达120厘米。体短、头大、腹部圆。体青黄色，尾鳍下叶红色。团鲤、镜鲤、散鳞镜鲤、丰鲤、荷包红鲤、兴国红鲤、万安玻璃红鲤、松荷鲤、芙蓉鲤、锦鲤都是鲤鱼的变种。

栖息水底层，多栖息于底质松软、水草丛生的水体。杂食性，以食底栖动物为主的杂食性鱼类，多食螺、蚌、蚬和水生昆虫的幼虫等底栖动物，也食相当数量的高等植物和丝状藻类。

Misgurnus anguillicaudatus 鲤形目 鳅科

体长约 12 厘米。前段略呈圆筒形，后部侧扁，腹部圆，头小。背面两侧灰黑色，头部和各鳍上具黑色斑点，尾柄基部有一明显的黑斑。由于其较高的营养价值，也被称为“水人参”。

泥鳅为杂食性底栖鱼类。常出没于湖泊、池塘、沟渠和水田底部富有植物碎屑的淤泥表层。它们不仅能用鳃和皮肤呼吸，还具有特殊的肠呼吸功能，用肠子呼吸。

黄鳝 *Monopterus albus* 合鳃鱼目 合鳃鱼科

体长 20 ~ 70 厘米。头长而圆，身体细长，体前圆后部侧扁，各鳍退化，基本消失。体表具光滑的黏膜，无鳞，呈黄褐色，身体具不规则的暗黑斑点。

常生活在稻田、小河、小溪、池塘、河渠、湖泊等淤泥质水底层。它们的口腔皮褶具有呼吸功能，可直接呼吸空气。杂食性鱼类。

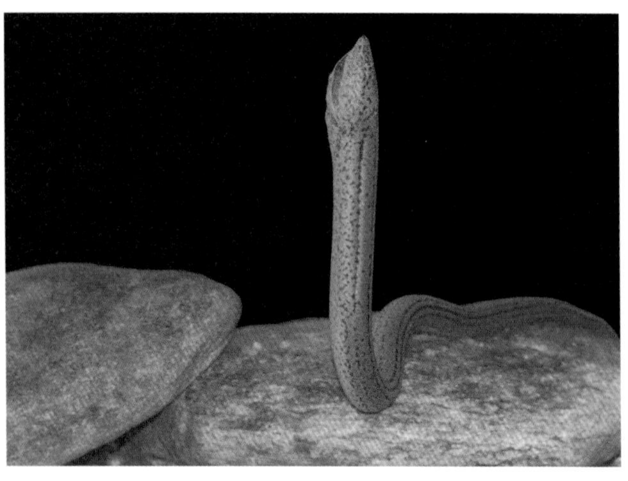

中华刺鳅 *Sinobdella sinensis* 合鳃目 刺鳅科

俗称刀鳅，体长约 15 厘米。头长而尖，眼下前方有一倒生的小刺，埋于皮内。体细长，前端稍侧扁，肛门以后扁薄。体背、腹侧具网状花纹，背鳍、臀鳍与尾鳍网纹明显，体侧有 30 余条褐色垂直条斑。

底栖性鱼类，喜群居，常常在水中的一块石头下，可找到多条刺鳅。主要以水生昆虫和小鱼为食。

青鳉 *Oryzias latipes* 颌针鱼目 怪颌鳉科

俗称稻田鱼，体长约 2.5 厘米。头中等大，较平扁，体形侧扁，背部平直，腹缘略呈圆弧状。背面淡灰色，体侧和腹面银白色，臀鳍及尾鳍具黑色小斑点，其他各鳍色淡。

常成群栖息于静水或缓流水的表层。在稻田及池塘、沟渠中常见。主要以昆虫幼虫、小软体动物为食。

食蚊鱼 *Gambusia affinis* 　　鳉形目　花鳉科 外

体长约2.5厘米。头及体背缘较平直，腹部圆。体背橄榄色，腹部银白色，奇鳍上有细小的黑点。

集群于水体的表层，在各类静水水体皆可发现它们的身影。主要以小型无脊椎生物为食，喜食蚊的幼虫孑孓，一尾成鱼每天吞食孑孓2000余只。1924年引进于菲律宾。

真吻虾虎鱼 *Rhinogobius similis* 虾虎鱼目 拟虾虎鱼科

体长约 6 厘米。俗称栉虾虎、狗甘仔等。头部具蠕虫状黑褐斑纹，体侧中央具一列不规则的圆形斑块，腹部色淡。

底栖性鱼类，常见于各类水体的浅水区域。主要以水生昆虫及其他小鱼和鱼卵为食。

波氏吻虾虎鱼 *Rhinogobius cliffordpopei*虾虎鱼目　拟虾虎鱼科

体长 4 ~ 5 厘米。头略平扁，体细长，略呈圆筒状。体侧有 6 ~ 7 条暗色横带，有些个体的横带断裂成不规则长斑纹。

底栖性鱼类，常见于山涧溪流、水库及湖泊的浅水区。以小型底栖无脊椎动物为食。

小黄黝鱼 *Micropercops swinhonis* 虾虎鱼目 沙塘鳢科

体长约 4 厘米。体短小。身体具黑色和黄褐色交替的纵条纹，发情期尾柄下方出现血红色。

常成群生活于河溪、池塘、湖沼的浅水水域的中、下层及入湖溪流的水草丛中，喜潜伏于水底。卵依附于水草上或石头上，雄性具护卵行为。以浮游动物、水生昆虫、摇蚊幼虫、小虾等为食。

乌鳢 *Channa argus* 攀鲈目 鳢科

俗称黑鱼、财鱼，体长约 50 厘米。头部扁平，形呈长棒状。体侧各有不规则黑色斑块，头侧各有 2 行黑色斑纹。

其“旱眠”行为非常特殊，可利用迷鳃直接呼吸空气，当湖水干枯时，将尾部朝下把身体“坐”进泥里，只留口部于泥面之上，俗称“坐橛”或“坐遁”，以此度过干旱季节。性凶猛，以小鱼小虾等为食。

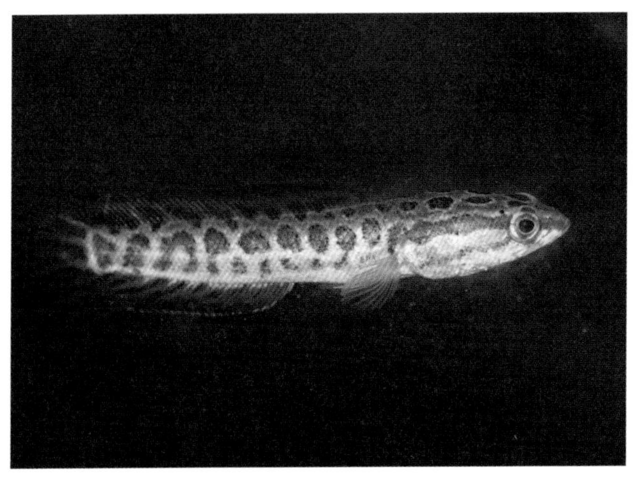

翘嘴鲌 *Culter alburnus* 鲤形目　鲤科

体长 20 ~ 80 厘米。体细长，侧扁，呈柳叶形。尾鳍深叉形。体背浅棕色，体侧银灰色，腹面银白色，背鳍、尾鳍灰黑色，胸鳍、腹鳍、臀鳍灰白色。

常见于各类水体的表层。以水生昆虫、小鱼小虾为主食。

圆尾斗鱼 *Macropodus chinensis* 攀鲈目 丝足鲈科

体长 5 ~ 7 厘米。眼大而圆，体侧扁，呈长椭圆形，背腹凸出，略呈浅弧形。体侧暗褐色，有的暗灰色，有不明显黑色横带数条。

可在湖泊、池塘、沟渠、稻田等静水环境中见到它们的身影。产卵期，雄鱼用嘴吐出气泡，在水面制作泡沫巢。雌雄个体使卵受精后，雄鱼将卵粘着在浮巢之中。主要以桡足类、轮虫、水生昆虫为食。

间下鱵 *Hyporhamphus intermedius* 颌针鱼目 颌针鱼科

俗称针鱼，体长可达 15 厘米。体细长，侧扁。体背呈浅灰蓝色，腹部白色，体侧中间有一条银白色纵带，无垂直暗斑。喙为黑色，前端为明亮的橘红色。

间下鱵是小型上层鱼类，夜间常集群在水面附近觅食。以浮游动物为食，也吃昆虫。

黄颡鱼 *Pseudobagrus fulvidraco* 鲇形目 鮠科

俗称黄骨鱼、黄辣丁，体长 15 ~ 20 厘米。头大且扁平，吻短，圆钝，体后半部侧扁，尾柄较细长。背面深黄色。

属底栖鱼类，白天栖息于湖水底层，夜间则游到水上层觅食。主要以小虾、水生昆虫或其他无脊椎动物为食。

鲇 *Silurus asotus* 鲇形目　鲇科

俗称鲇巴郎，体长可达120厘米。头大、前端细尖似圆锥形，体粗壮微扁，呈纺锤形。上颌有须一对，下颌有须两对。

白天多隐蔽，晚间则十分活跃，习惯于游至浅水处觅食。秋后潜居于深水或污泥中越冬。捕食小鱼虾和水生昆虫，也吃腐食。

Siniperca chuatsi 太阳鱼目 鳜科

体长可达60厘米以上，体高而侧扁，体色青黄，吻端至背鳍具黑色条纹，身体具不规则黑斑。

它们通常于夜间在水草丛中活动和觅食。鳜鱼性情较为凶猛，是一种肉食性的鱼类。

封面摄影：武汉心灵视觉传媒　蔡旭